多层过盈联接设计理论与技术

王建梅 著

科学出版社

北京

内 容 简 介

本书对多层过盈联接的设计进行研究，涉及理论算法推导、数值模拟验证、现代设计方法应用等。全书共 7 章，介绍过盈联接的相关知识、圆柱过盈联接与圆锥过盈联接的理论算法、多层过盈联接的理论算法和现代设计方法及校核算法、多层过盈联接性能的影响因素、风电关键基础件的设计与计算实例、新型离散化圆锥过盈联接的计算方法等。

本书可供从事机械设计及理论研究的科技人员参考，也可供高等院校机械类专业师生阅读。

图书在版编目（CIP）数据

多层过盈联接设计理论与技术/王建梅著. —北京：科学出版社，2019.4
ISBN 978-7-03-060975-5

Ⅰ．①多… Ⅱ．①王… Ⅲ．①过盈联接-设计-研究　Ⅳ．①TH131.7

中国版本图书馆 CIP 数据核字（2019）第 063983 号

责任编辑：冯　涛　苏德华　杨　昕 / 责任校对：赵丽杰
责任印制：吕春珉 / 封面设计：东方人华平面设计部

科学出版社 出版
北京东黄城根北街 16 号
邮政编码：100717
http://www.sciencep.com

三河市骏杰印刷有限公司印刷
科学出版社发行　　各地新华书店经销
*
2019 年 4 月第 一 版　　开本：B5（720×1000）
2019 年 4 月第一次印刷　　印张：12 1/2
字数：259 000

定价：89.00 元
（如有印装质量问题，我社负责调换〈骏杰〉）

销售部电话 010-62136230　编辑部电话 010-62135397-2032

版权所有，侵权必究
举报电话：010-64030229；010-64034315；13501151303

前　言

《中国制造 2025》将工业强基工程作为五大重点工程之一；《中华人民共和国国民经济和社会发展第十三个五年规划纲要》也将实施工业强基工程纳入其中；工业和信息化部等发布的《工业强基工程实施指南（2016—2020 年）》将核心基础零部件等产业作为重点发展领域；为落实《国家中长期科学和技术发展规划纲要（2006—2020 年)》《国家创新驱动发展战略纲要》等规划，2018 年科学技术部启动了国家重点研发计划"制造基础技术与关键部件"重点专项。2018 年《政府工作报告》再次明确将全面推进工业强基工程。机械基础件是我国高端装备制造产业的关键组成部分，其设计质量和水平直接关系产品的性能和技术经济效益。

由于工程实际的需要，采用多层过盈联接结构的机械基础件得到了广泛应用。常见的多层过盈联接基础件包括锁紧盘、力矩限制器、挤压筒、凹模等，这些部件作为大型发电设备和金属挤压、成型制造装备的核心基础部件，在国防建设和国民经济建设领域具有不可替代的作用。

本书的主要内容如下：

第 1 章绪论。简要介绍过盈联接的概念、类型、影响因素、装拆工艺、应用范围和研究进展。

第 2 章多层过盈联接的计算方法。给出过盈联接的计算基础、典型多层过盈联接的过盈量设计算法和其他多层过盈联接过盈量的设计方法，并结合实例进行多层过盈联接过盈量的设计计算。

第 3 章多层过盈联接可靠性稳健设计。利用现代设计方法，提出多层过盈联接可靠性稳健设计和多层过盈联接的动态可靠性稳健设计，并将蒙特卡罗法与可靠性稳健设计结果做对比。

第 4 章多层过盈联接多目标智能协同设计。简要介绍多目标智能协同设计基础和设计方法，分析多层过盈联接的多参数关系。

第 5 章多层过盈联接性能的影响因素。分析多层过盈联接性能的主要影响因素。

第 6 章多层过盈联接设计实例数值模拟。以风电关键基础件为实例，对厚壁圆筒、单层过盈联接和多层过盈联接 3 种情况进行数值模拟，并对多层过盈联接的装配过程进行动态仿真。

第 7 章离散化圆锥过盈联接计算方法。提出新型离散化圆锥过盈联接计算方法，建立区别于有限元方法的离散化模型，并通过算例证明该方法的合理性与求解优势。

本书介绍的多层过盈联接属于机械零件基础理论与设计范畴。通常机械零件中过盈配合是根据机械设计手册粗略计算获得的，缺乏从弹、塑性力学受力角度的科学分析，结合过盈配合基础理论知识，进行接触面配合的精确计算。本书针对多层过盈联接结构，重点给出多层过盈联接的设计算法和校核方法；结合现代设计方法与理念，如可靠性稳健设计、协同设计、离散化设计等，提出融合现代设计方法的多层过盈联接设计理论；同时，将有限元数值模拟所得数据和应用多层过盈联接设计理论与方法所得的数值进行对比，验证理论方法的准确性和可靠性。

　　本书的主要创新点及研究意义是对过盈配合类机械零件设计理论与方法的系统性进行了改进，开展了多层过盈联接组件从设计到计算校核的理论研究，体现了经典设计方法与现代设计方法的融合，完善了机械零件过盈联接的设计理论与计算方法，为机械零件设计的科学计算提供理论依据，对提高设备运行效率和运行可靠性具有实用参考价值。本书是在《锁紧盘设计理论与方法》（王建梅、唐亮著，冶金工业出版社出版）著作的基础上，对多层过盈联接理论的进一步完善，是作者所在课题组成员多年来科学研究成果的结晶。

　　借本书出版之际，作者向资助本书出版的国家自然科学基金面上项目（项目批准号 51875382）、国家自然科学基金联合基金项目（项目批准号 U1610109）、山西省重点研发计划（指南）项目（项目编号：201803D421103）和太原重型机械装备协同创新中心专项（1331 工程）表示由衷的感谢。在本书的撰写过程中，作者得到了宁可、唐亮、陶德峰、徐俊良、白泽兵、康建峰、杨健、耿阳波等研究生的协助；封面图片由山西大新传动技术有限公司提供，在此一并表示衷心感谢！

　　创新之作，限于作者的水平，不当之处在所难免，欢迎广大读者批评指正。

作　者

2019 年 1 月于太原

目　　录

第 1 章 绪 论

本章简要介绍过盈联接的概念和特点，给出多层过盈联接的分类，对影响过盈联接性能的主要因素——过盈量、摩擦系数、离心力、工况温度、动载荷等进行阐述。同时，介绍过盈联接结构的装拆工艺和应用范围，以及过盈联接的研究发展状况。

1.1 过盈联接的概念

过盈联接是由两个被连接件之间的过盈配合构成的连接方式。该连接方式也称为干涉配合联接或紧配合联接，是将外径较大的被包容件装配到内径较小的包容件中，如图 1.1 所示。装配完成后，在过盈接触面①上会产生一定的过盈量，使得接触面形成相应的径向压力。当连接件承受轴向力或转矩时，依靠过盈接触面上的摩擦力或力矩实现额定载荷的传递[1]。

过盈联接的主要特点是结构简单、生产成本低、对中性好、连接强度高、承载能力强，连接件之间不需要任何紧固件，避免了由附加紧固件对结构强度造成的削弱。鉴于上述优点，过盈联接在机械工程领域的应用较为常

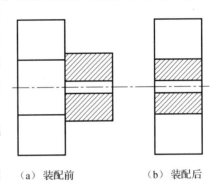

(a) 装配前　　　　　(b) 装配后

图 1.1　过盈联接示意图

见，如车床的夹具、机车的轮轴、发动机中的涡轮盘和电动机的转子等；另外，在精密仪器与仪表制造业中，小尺寸过盈联接的应用也较为广泛。过盈联接的缺点是对接触面的加工精度要求较高，装配过程比较复杂。

1.2 过盈联接的类型

按照不同的分类形式，过盈联接主要包括以下几种类型。

---

① 为便于读者理解，本书中，在介绍界面基理时使用"接触面"，以强调结合面的接触作用；在讲述过盈联接的基本参数时，根据《极限与配合过盈配合的计算和选用》(GB/T 5371—2004)，使用"结合面"定义包容件与被包容件相接触的表面。

1.2.1　按照连接件之间过盈接触面的层数分类

1）单层过盈联接。通常意义上的过盈联接是指单层过盈联接，即只有一个接触面的过盈联接，也即仅由包容件和被包容件两个零部件组成的过盈联接，属于最简单且常见的过盈联接方式。单层过盈联接结构简单，应用较为广泛，一般采用胀缩法进行装拆，如机车的轮与车轴、齿轮与齿毂。

2）多层过盈联接。多层过盈联接是指两个及两个以上接触面的过盈联接，结构较为复杂，一般分油压法与机械压入法装拆两类结构。采用油压法装拆的多层过盈联接是在单层过盈联接的基础上加中间套；采用机械压入法装拆的多层过盈联接，通过实现自锁产生过盈量，如胀紧连接套与锁紧盘。

随着工程实际的需要，出现了越来越多的多层过盈联接结构。常见的多层过盈联接组件包括锁紧盘[2]、力矩限制器、挤压筒、凹模等。这些部件作为大型发电设备、金属挤压、成型制造装备的核心部件，在国防和国民经济建设中具有不可替代的作用。

从机械设计的角度看，多层过盈联接计算要比单层过盈联接计算复杂得多，为了与单层过盈联接区分开来，本书将两个及两个以上接触面的过盈联接设计算法定义为多层过盈联接设计算法。同时，多层过盈联接设计算法可以包含单层过盈联接设计算法。多层过盈联接通过各过盈接触层之间接触面积的大小和变形状态来影响其性能，其中各层间的过盈量是影响其连接性能的主要因素。

1.2.2　按照连接件之间接触面的受力变形性质分类

1）弹性过盈联接。当外力小于某一极限值（通常称为弹性极限载荷）时，卸除引起变形的外力，物体能完全恢复原来的形状，这种能恢复的变形称为弹性变形。拆卸使用后的过盈联接组件，若接触面的变形能恢复为原始尺寸，则称两连接件之间为弹性过盈联接。

2）塑性过盈联接。当外力超过弹性极限载荷时，卸除引起变形的外力后，连接件不能恢复原状，一部分不能消失的变形被保留下来，这种不能恢复的变形称为塑性变形。拆卸使用后的过盈联接组件，若连接件存在塑性变形，则称两连接件之间为塑性过盈联接。

弹、塑性过盈联接如图 1.2 所示。其中，d 为包容件与被包容件的接触直径，塑性变形通常发生在包容件的内表面区域。在实际工况中，全部的塑性过盈联接会使连接强度大幅降低，极易破坏失效。在弹性范围内，过盈联接虽然安全可靠，但材料性能往往不能被充分利用。因此，过盈联接控制在弹、塑性范围内较为合理。

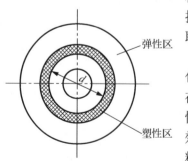

弹性区

塑性区

图 1.2　弹、塑性过盈联接

1.2.3 按照过盈联接组件的结构特征分类

1）薄壁圆筒过盈联接。若圆筒的壁厚与半径相比是一个微小的量，则称该圆筒为薄壁圆筒。薄壁圆筒过盈联接的理论分析是假定切向应力在筒壁厚度范围内为常量，且在壁厚方向没有压力梯度。

2）厚壁圆筒过盈联接。若圆筒的壁厚与半径相比是同一量级，则称该圆筒为厚壁圆筒。厚壁圆筒的几何形状和载荷对称于圆筒的轴线，壁内各点的应力和变形也关于轴线对称。厚壁圆筒过盈联接属于弹性力学中的轴对称问题。本书中的多层过盈联接属于厚壁圆筒过盈联接。

1.2.4 按照连接件之间接触面的形式分类

1）圆柱过盈联接。圆柱过盈联接具有传递载荷大、可靠性高、加工方便等优点，但是该结构装拆较为困难，广泛应用于轴毂、轮圈与轮心、滚动轴承与轴的连接。

2）圆锥过盈联接。与圆柱过盈联接相比，圆锥过盈联接容易装拆，可以用机械施加轴向力进行装拆，如胀紧连接套与锁紧盘，多采用油压法进行装配。圆锥过盈联接可分为不带中间套与带中间套两种类型。不带中间套的过盈联接用于中、小尺寸或不需多次装拆的连接，其结构如图 1.3 所示；带中间套的过盈联接多用于大型、重载和需要多次装拆的连接；若中间套经过多次装拆后，仍不符合要求，应予以更换。

中间套又可分为外锥面中间套与内锥面中间套。从制造方面考虑，把锥面放在中间套的外表面比放在内表面更易加工；从表面粗糙度方面考虑，外套内表面与主轴外表面都有可能出现孔隙，造成油压失稳。因此，若主轴外表面有孔隙，则用带外锥面的中间套，如图 1.4（a）所示；若外套内表面有孔隙，应该用带内锥面的中间套，如图 1.4（b）所示。

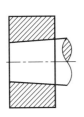

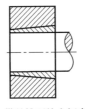 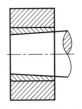

（a）带外锥面的中间套　（b）带内锥面的中间套

图 1.3　不带中间套的圆锥过盈联接　　图 1.4　带中间套的圆锥过盈联接

1.2.5 按照过盈联接的功能分类

1）用于传递载荷的过盈联接，如减速箱中传动齿轮与轴的连接、风电锁紧盘低速轴与齿轮箱的连接、机车中车轴与轮心及轮心与轮毂的连接等。该类过盈联接传递载荷大，过盈量较大。

2）用于固定连接的过盈联接，如轴承外圈与轴承座的连接、齿轮与轴套的连接等。该类过盈联接不传递载荷，受力不大，过盈量较小。

1.3　过盈联接的影响因素

过盈联接的性能受多种因素的影响，如过盈量、摩擦系数、离心力、工况温度和动载荷等。

1. 过盈量

过盈联接依靠接触面径向压力产生的摩擦力来传递载荷。随着过盈量的增加，接触压力单调递增。设计时，如果计算所得的过盈量偏小，则有可能在实际运行过程中无法传递规定载荷而失效；如果计算所得的过盈量偏大，则又可能导致装配困难，组件应力偏大，降低使用寿命。因此，设计时需要准确计算所需的过盈量。

2. 摩擦系数

过盈联接的计算中，若已知连接件的几何尺寸和过盈量，则轴向和圆周方向的承载能力取决于接触压力的大小和摩擦系数。准确选用摩擦系数对于过盈联接的计算十分重要，直接关系到过盈联接的可靠性。但是，摩擦系数的影响因素较多，准确计算摩擦系数十分困难。各国学者为此做了大量的试验和研究工作。在摩擦学发展的最初阶段，有学者曾发表过摩擦系数不变的假设；后来，库仑（Coulomb）确定了压力对摩擦系数的影响，求出了几种材料相互配合时的摩擦系数，推翻了摩擦系数不变的观点。到 19 世纪中叶，各国学者在理论上论证了表面粗糙度、压力、温度等对摩擦系数的影响。近年来，也有不少学者对过盈联接中摩擦系数的问题进行了大量的试验研究。例如，拉马钱德兰（Ramachandran）研究了表面粗糙度对过盈联接的影响，结果表明具有较低粗糙度的表面能够提高过盈联接的承载性能。

此外，诸多研究表明，通过试验求得的摩擦系数变化范围较宽，主要是因为影响摩擦系数的因素较多，如连接件的材料、装配方式、润滑剂类型等。在提供摩擦系数参考表时，必须指明该系数的应用条件。因此，有必要介绍摩擦系数的各种影响因素，并提供推荐摩擦系数的参考表。

1）接触面的加工方法对压入、压出摩擦系数的影响。从表 1.1 中可知，接触面的加工方法对压入摩擦系数与压出摩擦系数影响较大，加工精度越高，摩擦系数越低。对于同一种加工方法，压出摩擦系数一般大于压入摩擦系数。

表 1.1 接触面加工方法与压入、压出摩擦系数的关系

加工方法	压入摩擦系数 μ_{xi}	压出摩擦系数 μ_{xe}
研磨	0.23	0.23
精磨	0.21	0.23
弹簧光刀精加工	0.19	0.229

2）润滑剂对摩擦系数的影响。如何选择接触面润滑剂的类型是压入连接的重要问题。润滑剂可以防止连接表面在连接过程中被划伤，但会引起连接强度的降低。根据润滑剂对连接质量影响的有关资料可知，对于铸铁件，润滑剂选用植物油较合适。

通过压入连接试验，研究汞润滑剂、航空油润滑剂、无润滑剂对连接强度的影响，结果表明，当采用航空油润滑剂和汞润滑剂比无润滑剂的连接强度分别降低了 18%和 210%。其他接触面润滑剂对摩擦系数的影响见表 1.2[1]。

表 1.2 接触面润滑剂对摩擦系数的影响

润滑剂	摩擦系数	
	压入摩擦系数 μ_{xi}	压出摩擦系数 μ_{xe}
机械油	0.058	0.061
菜籽油	0.058	0.064
脂肪	0.032	0.064
无润滑剂	0.058	0.086

3）接触压力和装配方式对接触面摩擦系数的影响。当过盈联接组件接触面的尺寸一定时，增大接触压力，实际的接触面积随之增大，微观的塑性变形也会增加。随着接触压力的进一步提高，摩擦系数会达到峰值。当接触压力足够大时，实际的接触面积基本保持不变。此时，摩擦系数随着接触压力的增大而逐渐减小。同时，装配方式对摩擦系数的影响也很大。部分连接件材料采用不同装配方式时对摩擦系数的影响见表 1.3。

表 1.3 装配方式对摩擦系数的影响[1]

装配方式	连接件材料	摩擦系数 μ	
		无润滑	有润滑
压入法	钢-钢	0.07～0.16	0.05～0.13
	钢-铸钢或优质结构钢	0.11	0.08
	钢-结构钢	0.10	0.07
	钢-铸铁	0.12～0.15	0.05～0.10
	钢-青铜	0.15～0.20	0.03～0.06
	铸铁-铸铁	0.15～0.25	0.05～0.10

续表

装配方式	连接件材料	摩擦系数 μ	
		无润滑	有润滑
胀缩法	钢-钢，电炉加热包容件到300℃	0.14	
	加热到300℃后，接触面脱脂	0.20	
油压法	钢-钢，压力油为矿物油	0.125	
	压力油为甘油，接触面排油干净	0.18	
	钢-铸铁，压力油为矿物油	0.10	

4）不同接触面质量对摩擦系数的影响。过盈联接的两个接触面质量对摩擦系数影响较大，表1.4列出了不同接触面质量的摩擦系数。由表1.4可知，圆锥过盈联接比圆柱过盈联接的摩擦系数大；对于不同接触面质量，不同的装配方式也会使摩擦系数相差较大。

表 1.4 不同接触面质量的摩擦系数

接触面质量	装配方式		摩擦系数	
			μ_t	μ_f
磨削（$Ra = 0.32\sim1.25\mu m$）	热压配合（缩紧）		0.24	0.38
	冷却被包容件（胀缩）		0.27	0.31
	油压连接（油）	T22	0.23	0.25
		Mc-20	0.22	—
氧化处理轴	热压配合		0.40	0.40
	油压连接（油）	T22	0.36	—
		Mc-20	0.31	0.34
扭转时轴镀锌，$h_{Zn} = 4\sim15\mu m$ 轴向剪切，$h_{Zn} = 15\sim20\mu m$	热压配合		0.31	0.45
	油压连接（油）：Mc-20		0.29	0.45
镀镉轴 $h_{Cd} = 4\sim11\mu m$	热压配合		0.25	—
轴渗氮，硬度为5160～5300HV	热压配合		0.33	—
	油压连接（油）：Mc-20		0.30	—
覆盖 Al_2O_3 与油混合层	热压配合		0.49	—

注：μ_t 为圆柱过盈联接摩擦系数，μ_f 为圆锥过盈联接摩擦系数；h_{Zn} 为镀锌层厚度；h_{Cd} 为镀镉层厚度。

3. 离心力

过盈联接组件多用于旋转工况，随着旋转速度的提高，过盈联接的设计不仅要考虑传递转矩的要求，还必须考虑离心力形成的径向膨胀对过盈联接性能的影响。过盈联接组件在离心力作用下，包容件接触面相比被包容件接触面产生较大的径向位移，导致接触面之间过盈量减小，从而导致接触面接触压力降低。当转速很高时，接触面之间的接触压力不足以传递相应的转矩，造成包容件与被包容件滑脱。此时，离心力的影响成为决定性因素[2]。

4. 工况温度

在某些特殊工况下，过盈联接组件的温度变化较大，致使零件材料发生热胀冷缩现象。温度分布的不均匀会影响过盈量的大小，零件内部产生的热应力也会影响过盈联接的性能。随着温度的升高，过盈联接组件受热膨胀，由于包容件接触面与被包容件接触面之间的膨胀程度不同，接触面过盈量会随之减小。此外，过盈联接组件内外表面的温度差也会影响膨胀大小，温度差越大，过盈联接组件接触面膨胀程度越大。同时，温度对摩擦系数也有较大影响。大多数金属的摩擦系数随温度的升高而减小，也有少数金属的摩擦系数随温度的升高而增大。

5. 动载荷

在工程实际中，绝大多数过盈联接是在动载荷作用下运行的。承受动载荷的过盈联接组件，其状态对轴类零件来说，主要承受拉伸（压缩）、扭转、弯曲等交变载荷。过盈配合的轴类零件交变弯曲分为纯弯曲、悬臂弯曲、综合载荷作用下的弯曲、平面弯曲等。过盈联接组件可同时承受固定的或变动的、轴向的或圆周方向的载荷，如风电机组中的锁紧盘、减速器中的齿轮和轴、涡轮机和液力传动装置中的轴和叶轮、机车齿轮副中的轴和齿轮等。

研究结果表明[1]，当轴向交变载荷的频率在 10Hz 以下时，动载荷的配合特性和静载荷相比没有什么变化。在这种情况下，任何形式的轴向载荷，其连接特性都相同。在承受轴向交变载荷时，如果其频率不超过 10Hz，可采用静载荷计算公式进行计算。

承受冲击载荷的连接状态取决于冲击能量的大小，当 $A_0/A=0.25$ 时，相比静扭转强度，冲击扭转的连接强度降低 35%～40%。其中，A_0 为轴相对套筒无位移时的冲击能量，A 为在多次冲击载荷下轴和套筒在连接处发生较小的相对位移时的冲击能量。而且，受扭转冲击时发生的累积位移与受轴向冲击时相同。例如，通常锻锤的活塞杆和锤头采用过盈联接，锻打过程中其配合部分承受轴向交变冲击载荷，设计时要考虑配合部分因受轴向交变冲击载荷所引起的疲劳问题。表 1.5 列出了低合金钢材料承受拉伸、压缩交变载荷时的疲劳极限。

表 1.5　低合金钢材料承受拉伸、压缩交变载荷时的疲劳极限

试验件	疲劳极限	
	屈服极限 σ_{w1} /MPa	强度极限 σ_{w2} /MPa
平滑	—	362.6
热压配合	117.6	156.8
热压配合（高频淬火）	284.2	332.2

在同样的拉伸、压缩交变载荷条件下，过盈配合会使疲劳极限降低 1/3。由

表 1.5 可知，采用高频淬火可以有效地提高疲劳极限。因此热加工工艺对受交变载荷的过盈联接影响很大。

另外，过盈联接在承受交变弯曲时对连接强度的影响因素也很多，涉及过盈量、配合长度、包容件的刚度、载荷频率、装配方式、结构变形等。

1.4　过盈联接的装拆工艺

机械制造中过盈联接的装配方式，按照其原理不同可分为压入法、胀缩法和油压法；按照作用力方向不同可分为纵向过盈联接装拆和横向过盈联接装拆。本节根据作用力方向的不同分类介绍。

1.4.1　纵向过盈联接装拆

纵向过盈联接装拆是指通过施加轴向压力来进行装拆，即利用机械压力将被包容件直接压入包容件中，一般选用压入法。由于过盈量的存在，在压入过程中，接触面微观平面度的峰尖会受到擦伤或被压平，在一定程度上会降低过盈联接的可靠性。因此，通常会将被包容件和包容件的接触面端部设计成倒角，在装配前对接触面进行润滑，从而减轻压入时对接触面性能的影响。

1. 压入法的注意事项

1）接触面必须无脏污、无腐蚀。

2）零件压入前，必须精确校正，压装时必须保证足够的对中精度。

3）所选压装设备要有足够的压力，通常压出力为压入力的 1.3～1.5 倍。

4）压入前，接触面可根据连接要求均匀涂一层润滑剂，如机油、柴油、亚麻油或油脂加机油等，要求油中不含二硫化钼添加剂。

5）连接件材料相同时，为避免压入时发生黏着现象，包容件和被包容件的接触面应具有不同的硬度。

2. 对压入圆柱过盈联接的结构要求

过盈联接的压力沿接触面轴向分布不均匀，如图 1.5 所示。为了改善压力不均，以减少应力集中，结构上可采取下列措施[1]。

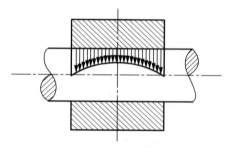

图 1.5　压力沿接触面轴向分布

1）过盈联接的接触面长度一般不超过接触面直径的 1.6 倍。若接触面长度过长，必要时应采用分级的接触直径或圆锥过盈联接。

2）根据过盈量大小，在轴或孔端给出压入导向角，导向角不超过 10°。轴倒角应准确同心，通常倒角为 5°，角度过大会刮伤孔的表面。

3）轴与盲孔的过盈联接应有排气孔。

4）如果长轴有加工台阶，则部分轴参与配合。如果长轴没有加工台阶，则轴的全部长度都参与配合，难以保证直径完全一致，特别是对于小尺寸过盈联接，因此，可靠性大幅降低。

压入法的主要优点是压装过程较简单，生产效率较高，主要用于过盈量较小的场合。其缺点是接触面可能被破坏，在对接触面粗糙度要求较小的情况下，薄壁零件压装时变形不均匀。

3. 对压入圆锥过盈联接的结构要求

1）为降低圆锥过盈联接两端的应力集中，在包容件或被包容件端部采用卸载槽、过渡圆弧等结构形式。

2）接触面材料相同时，为避免黏着和装拆时表面擦伤，包容件和被包容件的接触面应具有不同的硬度。

3）为便于装拆，在包容件接触面的内端加工 15°的侧角，或者在被包容件两端加工过渡圆槽。

4）进油孔和进油环槽可以设置在包容件上，也可以设置在被包容件上，以结构设计允许和装拆方便为准。

5）进油环槽的边缘必须倒圆角，以免影响接触面压力油的挤出。

6）为了使油压分布均匀且能迅速产生油压和释放油压，在包容件或被包容件接触面上加工排油槽：在被包容件接触面上沿轴向加工 4～8 条均匀分布的细刻油槽，也可在包容件接触面上加工螺旋形的细刻油槽。

1.4.2　横向过盈联接装拆

横向过盈联接通过产生径向力达到过盈配合的目的，其装配方式有胀缩法与油压法。

1. 胀缩法

对连接质量要求较高时，采用胀缩法进行装配，即加热包容件或冷却被包容件，使之既便于装配，又减少和避免对配合表面的损伤，在常温下即可达到牢固的配合连接。胀缩法可分为热胀法与冷缩法。

1）热胀法一般用火焰加热，操作简便，用氧乙炔、液化气可加热至 350℃，但有局部过热的危险，适用于局部受热和膨胀尺寸要求严格的大中型连接件，如汽轮机、鼓风机、离心压缩机的叶轮与轴配合。加热介质若为沸水可加热到 100℃，若为蒸汽可加热至 120℃，若为油品可加热至 320℃；电阻加热（如电阻炉）可加热至 400℃。热介质加热与电阻加热均匀，适用于过盈量较小的场合，如滚动轴承、连杆衬套、齿轮等。另外，感应加热的加热时间短，温度调节方便、热效率高，适用于过盈量大的大型连接件，如汽轮机叶轮、大型压榨机等。

2）冷缩所采用的方法有：①干冰冷却，适用于过盈量较小的小型零件。②低温箱冷却，适用于接触面精度较高的连接，如发动机气门座圈等。③液氮冷却，适用于过盈量中等的场合，如发动机主、副衬套等。

从经济观点考虑，加热温度应最小，并根据经验不断地调整温度和控制加热时间。在单件生产条件下，采用热压配合最稳妥的方法是将包容件浸入液体中加热。该方法由于最高温度的限制，仅用于过盈量较小的连接件。最合理的方法是采用感应加热，可以保证高生产率，但成本较高。

2. 油压法

油压法的实质是纵向和横向连接的组合，横向作用是靠压力油使孔径扩大、轴径缩小，再用轴向压力实现压推轴端或套筒。但是，油压连接所需要的轴向压力比一般的压入配合连接要小得多。在高压下压入接触面之间的压力油在该处形成一层分离油膜，使连接件只需克服较小的阻力就可发生相对移动。同时，接触面发生损伤的危险也小。

为了在组装全过程中将油引入，大多数油压连接将接触面加工成略带锥度。借助压装工具使带锥度的零件做轴向相对移动，产生所期望的过盈量。以两个圆锥面在没有压力下相互紧靠的位置为计算移动行程的起点。

组装完毕后，移去压油工具，接触面间的油因接触面之间的压力减小而流回，于是在接触面之间形成金属的接触面抱紧。拆卸时，再将压力油压进去，如果锥度接触面设计正确，就会自动地松开。考虑到安全和避免接触面发生损伤，必须将压装工具作为外压套的制动器使用，因为外压套通常（在油压卸载时）会从轴上窜出。

圆柱过盈接触面的装配很少采用油压法，因为连接零件必须要在接触面全长上移动，而且开始时，接触面间形成油膜较困难。圆柱面连接大多采用胀缩法（热压配合）。拆卸圆锥面连接时，大多采用油压法。

使用油压法应注意以下问题：

1）压装前的检查。组装前对连接件进行全面检查。检查接触面之间及分油槽和泄油沟的边缘倒角是否良好；用涂色法或对着光源用直尺检查全部承压面的形状，不得有锐边和加工沟纹；接触面的锥度必须一致，可用涂色法检查，相互连接的一对锥面轻轻压紧后，必须有所规定的相对轴向位置。

2）压装。所有接触面必须彻底清洗，干燥后在锥面上稍抹一些油，但采用锥形中间套的油压连接时，圆柱面上不得加油。首先，将中间套和外套件套在轴上，装上压装工具，旋上压油工具，将油压入，直至接触面两端漏出油来为止。然后，在确认整个接触面都有油后，操纵压装工具，使外套件在不断有油压入的状态下被推送到规定位置。最后，旋出压油工具，拆下压装工具。

对于圆柱过盈联接装配，一般根据其尺寸，加热孔或冷缩轴，或同时加热孔和冷缩轴后进行安装。对于圆锥形和阶梯圆柱形过盈联接，不必加热孔和冷缩轴，可用油压法进行快速装配。采用油压法安装时，应注意以下事项：安装表面不允许有破坏压力油膜形成的杂质、划痕和缺陷；应清除接触面上的油孔和环形油槽的毛刺；如果没有特殊要求，接触面选用 H7 公差带；对于未注公差的尺寸，按照切削加工件有关技术要求的规定选用；对于接触面，应按照包容原则设计和制造。

通过加热或冷缩方法装配的过盈联接，常温状态下，在未达到预先要求位置时，可通过油压重新调整到要求位置；装配好后，用螺塞将管路连接工艺用的螺孔堵死。油压拆卸时和装配时一样，通入高压油，同时用工具将被连接件卸出。对于圆锥被连接件，当高压油在配合处产生足够大的轴向分力时，被连接件自动推出，可不另外使用工具。

3）拆卸。拆卸之前应先检查油路部分是否清洁，若不清洁应清理干净，通入压力油后，应保证压力油从接触面溢出。这时用拆卸工具或压力机将包容件持续拉出，拆卸过程中应保持压力油的压力不变。对于简单的圆柱过盈联接，当完成环形槽拆卸后，拆卸过程不能中断，如果中断会使油从接触面压出，并且轮毂（轴套）仍固定在轴上。

拆卸完成后，应用螺塞将管路连接工艺用的螺孔堵死。推荐采用运动黏度为 $46 \sim 68 \ mm^2/s$（40℃时）的矿物油作为拆卸用的介质。圆柱过盈联接拆卸时，可同时向圆柱面和轴向加压，但轴向的油压约为圆柱面油压的 1/5，当圆柱面的油压达到计算的拆卸压力时，将包容件（或被包容件）慢慢拉出，在拉出过程中应注意安全和保持油压稳定。

拆卸阶梯圆柱过盈联接时，当压力油使两个零件产生变形形成油膜后，在轴向力的作用下，轴开始移动。此时，应特别注意：由于阶梯圆柱直径不同，在轴向产生的力将大于开始施加的轴向力，拆卸时应事先采取安全措施，防止拆卸结束后，轴（或轴套）被弹出。

把压装工具安装在与压装最终位置，将油压入接触面，直到油从两端漏出，通常当缓慢旋转退回压装工具时，外套件会自动地退下。当压进足够多的油，外套件依然不能自动退下来时，必须使用专用的拔取装置。因为连接件在油压下经过较长时间后可能会突然脱开，所以必须设置一种合适的制止装置来限制外套件的轴向移动。

室温下最合适的压力油是薄质的纯粹矿物油。普通室温下所用油的动力黏度在 50℃时为 0.036～0.044Pa·s，油的黏度与温度和压力有关。即使比较薄质的油在低温和高压下也会变成如同橡胶状的塑性物质，使得连接件和压油工具有超应力的危险。在寒冷的场所进行压装时，特别是拆卸时，连接件应适当预热。

当连接件的制造有缺陷导致油从间隙大处泄漏，不能保持一定的油压，使压装或拆卸发生困难时，建议采用黏度较大的油。拆卸滚子轴承时，同样选用黏度较大的油。

油压法装配的优点是可以保证过盈联接经过多次装拆后仍具有良好的紧固性。向接触面注入高压油，增大包容件内径或缩小被包容件外径，同时施加适当的轴向力使两者移动一定的相对位移，排除高压油后，即可得到过盈联接配合。采用这种方法需要在包容件和被包容件上开油孔和油槽，对接触面接触精度要求较高，而且还需要高压液压泵等专用设备。

3. 油压法的应用

油压圆锥过盈联接在液力传动装置等设备上得到了广泛应用。该过盈联接在承受高转速的交变转矩时，比一般的连接方式更为可靠。采用油压组装方法，可使接触面之间产生高压油膜，进而可以方便地组装和拆卸，只要供给压力油的输油槽开设在轮毂的位置合理，就不会因为经常拆装而造成接触面的损伤或导致残留变形。其缺点是制造精度要求高，多用于圆锥轴的装拆。油压法适用于过盈量较大的大、中型或需要经常拆卸的连接件，如大型联轴器、船舶螺旋桨、化工机械、机车车轮及轧钢设备；特别适用于连接定位要求严格的连接件，如大型凸轮与轴的配合连接。

圆锥过盈联接多用油压法进行组装。油压圆锥过盈联接的原理是把油压入轴和轮毂（或轴套）的锥度接触面之间，使套筒孔扩大、轴收缩，同时从轴向推压，轴套或轴逐渐向大端移动，当轴套或轴被压到既定位置后，释放油压，因外套收缩及轴膨胀而互相抱紧，形成过盈联接。由于接触面间形成的油膜，在压装和拆卸过程中，可作为润滑剂使接触面不发生接触，从而可以避免接触面的擦伤。由于接触面之间只需克服液体摩擦力的影响，因此，所需轴向压入力比一般压入配合连接要小得多。

油压圆锥过盈联接的组装和拆卸装置主要由两部分组成：一是压油装置，二是机械推压装置。其结构示意图如图 1.6 所示。推压装置 2 借助拧在轴上的一根丝杠 1，通过旋紧螺母 3 将一个具有相应锥度的轮毂 4 轻压到一个锥形轴颈上，然后用压油装置将压力油压入轮毂上或轴上的环状输油槽。压力油分布在过盈配合接触面上，并使轮毂胀形，直到机械力所产生的密封压力不再作用为止，这时油从轮毂端溢出。然后，借助机械压推装置将轮毂再压紧，使轮毂端部密封压力再度升高，压油泵继续压油，使轮毂再度胀形，因此机械压推装置又能使轮毂压进。持续这样的压装过程，一直压装到一个止口为止，或一直压装到相应于所要达到尺寸的压装行程。当轮毂达到规定位置时，切断压力油，释放油压。由于在过盈联接接触面上的压力油只能缓慢消失，当油压释放几分钟之后，才能取下机械压推装置。因为在未完全排掉油的接触面上仍存在着油膜，故只存在较小的液体摩擦力，轮毂由于锥度分力的作用仍可能弹开。

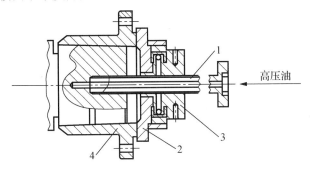

图 1.6 油压圆锥过盈联接的组装和拆卸装置结构示意图
1—丝杠；2—推压装置；3—旋紧螺母；4—轮毂

1.5 过盈联接的应用范围

不同尺寸范围过盈联接的应用如图 1.7 所示[1]。小尺寸范围（≤3mm）过盈联接的应用情况如图 1.7（a）所示，广泛应用于仪表制造业，特别是在 0.9～1.2mm 范围内应用最多。该过盈联接的零件一般用特殊的仪表材料（黄铜、钟表宝石、玻璃等）制造，并用专门的冲压、挤压等工艺进行加工。该尺寸组的连接强度很大程度上受连接表面形状和表面粗糙度的影响。由于零件直径小，在屈服极限内保证刚性连接的过盈量很小，零件变形基本上属于弹、塑性范围，连接件精度要求高，制造比较困难，成本较高。连接件的装配一般采用轴向压入法。

中间尺寸范围（3～500mm）的应用如图 1.7（b）所示，在机械制造中广泛应用。连接件可用各种材料制造，用一般工艺方法加工，用纵向或横向方法装配。拆卸圆柱或圆锥过盈联接时，可用油压扩孔和轴向压入方法装配。从图 1.7（b）可见，30～50mm 范围内的过盈联接应用最多。

大尺寸范围（500～1000mm）过盈联接广泛应用在重型机械、机车设备、化工机械中，其应用情况如图 1.7（c）所示。其连接件的材料多为耐热合金钢、高强度铸铁等。该连接多采用锥度过盈联接，以便维修时拆卸方便。

过盈联接中的连接件所用材料范围广泛，大致有以下几类：

1）脆性（$\sigma/E \leqslant 1.0 \times 10^{-3}$，$\sigma$ 表示应力，E 表示弹性模量）和半脆性（$\sigma/E \leqslant 1.6 \times 10^{-3}$）材料，如陶瓷（常用于化工机械与电子技术中）、各种牌号的铸铁等。

2）弹性材料（$\sigma/E \leqslant 2.5 \times 10^{-3}$），如各种牌号的钢。

3）塑性材料（$\sigma/E \leqslant 4 \times 10^{-3}$），如黄铜、青铜、铝及其他有色合金。

4）弹性−热凝性（$\sigma/E \leqslant 6.4 \times 10^{-3}$）和热塑性（$\sigma/E > 6.4 \times 10^{-3}$）的塑料。

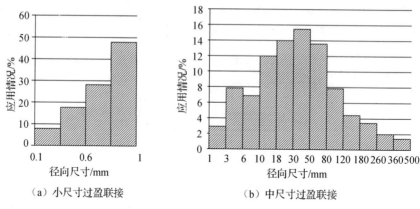

（a）小尺寸过盈联接　　　　　　　　（b）中尺寸过盈联接

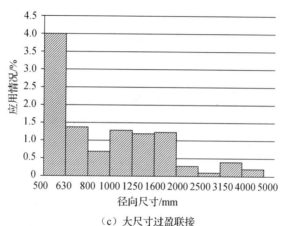

（c）大尺寸过盈联接

图 1.7　不同尺寸范围过盈联接的应用

1.6　过盈联接的研究进展

从 20 世纪 30 年代起，过盈联接在机械领域，特别是重型机械领域已经得到广泛应用。国外学者针对过盈联接系统地研究了材料弹性范围内的装拆、摩擦系数等问题；德国学者就过盈联接设计计算制定了相应的规范标准 DIN 7190，后期发展过程中，为了简化该标准的求解过程，降低计算误差，德国专家通过计算图表代替复杂运算，在较短时间内完成了过盈联接的设计运算。

1981 年，第一机械工业部和国家标准总局将过盈配合相关国家标准的制定列入了工作计划，山东工学院过盈配合试验研究小组对厚壁圆筒过盈配合进行了压入、压出、应力电测等试验。大量的试验研究为制定国家标准提供了重要依据。

近几十年，过盈联接的研究广度和深度都有所增加，并在设计计算等方面取得了广泛经验，主要体现在：①设计理论方面，考虑因素逐渐全面，在尺寸效应的基础上增加了温度和离心力的影响，理论应用也逐渐增多，由单一的厚壁圆筒理论发展为有限元、可靠性、优化设计等理论的集合应用。②试验研究方面，对于接触面压力和承载性能的测量方式由间接测量发展为定量分析，测试手段也在不断更新。③结构方面，由圆柱连接到圆锥连接，由单层结构到多层结构。④承载性能方面，由仅考虑载荷要求到兼顾摩擦系数、装拆方式、加工精度、微动损伤等因素。

过盈联接的研究进展总体体现在过盈量与接触压力计算、装拆方式研究、加工精度与材料处理方式的影响、运转工况研究、接触面的微动损伤、过盈联接可靠性研究和多层过盈联接研究等方面。

1. 过盈量与接触压力计算

过盈量与接触压力对过盈联接性能的影响是过盈联接研究的重点之一。通常假设过盈接触面的接触压力呈均匀分布，承载能力根据接触压力、摩擦系数及接触面尺寸确定。实际应用中当包容件与被包容件长度不相等时，装配完成后外伸部分将导致配合段的两端出现较高的装配应力。配合长度越长，配合段中部的压力值越接近拉梅（Lame）公式理论解。随着配合长度的减小，装配强度峰值会略有升高，其变化规律近似于线性关系，而配合长度越短，配合段内的接触压力平均值越高。

Güven[3]分析了不同厚度圆筒的平面应力状态，Özel 等[4]利用有限元软件构建了多种圆筒过盈联接模型，得到其应力表达式。岳普煜等[5,6]针对油膜轴承锥套与轧辊过盈联接加载模型，分别在冷推进和不同阶段液压胀形力作用下，得出其接触应力分布规律和变形规律。Pedersen[7]从应力基础理论公式出发推导过盈联接的径向和轴向应力，并给出了应力分布示意图。滕瑞静等[8]充分考虑了影响过盈联接接触应力的 4 个主要因素：包容件外径、过盈量、结合直径和宽度，通过有限元分析软件 ABAQUS 得到过盈层边缘的最大等效应力，构建了神经网络应力预测模型。

殷丹华[9]在弹性力学的基础上，研究了圆柱和圆锥过盈联接的应力计算方法，推导了承载转矩和接触压力、摩擦系数等参数之间的关系。张颖艳等[10]通过有限元软件构建圆锥过盈联接模型，探讨了应力受摩擦系数和配合长度的影响。李伟建等[11]通过分析锥面过盈联接的几何模型，对有限尺寸条件下锥面过盈联接的位移和应力解析式进行了推导。张洪武等[12]采用有限元参数二次规划法并结合多重子结构技术研究了过盈配合的弹、塑性摩擦接触问题。黄庆学等[13]和 Huang 等[14]利用三维弹、塑性接触问题边界元法定量分析过盈装配过程中的变形和荷载特性，分析讨论了接触压力和变形对连接件的损伤作用。Lewis 等[15]建立了刚度与接触压力的联系，利用特定设备测得过盈联接的接触刚度，基于标定试验取得了过盈联接接触压力的测试值。

2. 装拆方式研究

过盈联接常用的装配方式有油压法、胀缩法和压入法等。不同装配方式对接触面摩擦系数的影响导致连接性能的差异。符杰[16]研究了表面粗糙度、锥度和过盈量等因素对摩擦系数的影响，研究表明表面粗糙度、锥度、过盈量对摩擦系数的影响依次增大。寇淑清等[17]通过数值模拟和试验研究分析了压力装配中装配速度、装配材料匹配等工艺参数对过盈联接强度的影响，确定了较优的工艺参量。Lee 等[18]研究了过盈联接压装力与过盈量、压装力与装配位移的关系，为压装实际操作提供了指导和帮助。

过盈联接因为传递载荷高、可靠性高等优点，在机械工程领域得到了广泛应用，特别是在冲击性强、方向多变的载荷连接方面，该结构被作为唯一可行的方式。但是，过盈联接因为自身结构的特性，连接件拆卸时存在较大困难，工作表面容易产生划伤，甚至因为无法拆卸，只能进行破坏性拆除。因此，德国斯凯孚（SKF）和菲希尔（Kuel-Fischer）公司提出了使用油压连接，其作用与通常的胀缩法的连接基本相同，只是利用在油压接触面间产生一个高压油膜，降低压装和拆卸难度，可以实现装拆的反复性，并且不会损坏零件表面质量。

3. 加工精度与材料处理方式的影响

过盈量是影响过盈联接性能的重要因素之一，加工精度和配合公差直接对过盈量产生作用。Boutoutaou 等[19]给出了具有表面粗糙度特征的有限元模型，分析了加工精度引起的表面粗糙度对过盈联接承载性能的影响。Croccolo 等[20]通过研究黏结剂进而分析其对过盈量和连接性能的影响，基于动静态加载试验测试，表明黏结剂使钢-钢组合的强度大于铝-钢组合。Yang 等[21]通过试验法和有限元法相结合的方式，分析了表面粗糙度对过盈联接的影响，结果显示表面粗糙度越大，过盈联接的结合强度越好。

在过盈量不变的前提下，材料的处理方式也会对过盈联接的承载性能产生影响。Rao 等[22]的试验研究表明，在固定的轴向载荷下，接触面处理和部件材料热处理等对过盈配合承载性能的提升起到明显的作用。Sogalad 等[23]通过有无液氮冷处理的对比性探究，显示冷处理有助于提高过盈联接的承载能力，而冷处理时间对过盈配合的承载性能几乎没有影响。Sniezek 等[24]比较了已进行激光强化的过盈联接和没有进行强化的过盈联接的承载性能，通过有限元法和试验法，分析了安装中、安装后和加载转矩后的应力和应变分布，结果表明经过激光强化的过盈联接要比没有经过激光强化的过盈联接承载能力提高25%。

4. 运转工况研究

随着过盈联接设计理论的深入发展，越来越多的学者把工况温度、旋转离心力等运转条件考虑到设计中。Mack 等[25]研究了温度循环作用对过盈联接结构的影响，结果表明温度升高会引起包容件热膨胀，导致接触压力减少，从而引起过盈联接承载性能的降低。Sen 等[26]通过有限元方法，考虑过盈联接边界条件连续变化的瞬态导热传热状态，对过盈联接应力分布进行分析，结果表明不同的长宽比、传热系数对应力的影响较大。此外，过盈联接组件的工作环境并非恒温，装配时和工作时的温度可能有较大的变化，会使连接零件发生热胀冷缩，影响过盈联接性能。Qiu 等[27]在过盈联接设计过程中，考虑到温度变化的影响，通过有限元分析，使设计结果更加满足实际要求。

在高速旋转状态下，离心力会对过盈联接的包容件与被包容件产生作用，主要影响表现在两个方面：一方面是使其产生径向变形，从而引起实际过盈量的改变，导致过盈联接接触面接触压力发生变化；另一方面是改变过盈联接组件内部的应力分布。马平等[28]针对高速旋转主轴与电动机转子间过盈配合问题，采用弹、塑性接触有限元法建立了有限元模型，研究了离心力、过盈量对过盈联接接触面的径向位移和接触压力的作用。很多情况下旋转速度和温度变化会同时产生影响，Lewis 等[29]对过盈装配失效问题进行了研究，分析了温度、旋转速度、摩擦系数、过盈量对过盈联接接触面端部周向滑移的影响。

5. 接触面的微动损伤

由于过盈联接接触面端部的接触部位很容易发生微动磨损，微动疲劳破坏会大幅度降低零部件的使用寿命。杨广雪等[30]针对高速列车轮轴过盈配合部位的微动损伤问题，对旋转弯曲载荷导致轮轴配合产生微动疲劳损伤的机理进行了研究。Sackfield 等[31]和 Truman 等[32]研究了过盈联接组件承受扭转载荷时的周向滑移问题，给出了计算周向和轴向滑移量的理论算法，通过有限元方法分析了过盈联接的磨损问题。Juuma[33]分析了过盈联接的接触压力和周向滑移量对疲劳极限的影响，结果表明，接触压力增大有助于周向滑移量的减少，从而降低微动磨损，较低压力导致磨损断裂，较高压力引起疲劳破坏。Lanoue 等[34,35]利用有限元法构建模型，通过接触算法，分析了接触边缘的微动疲劳现象，给出了 4 种疲劳准则的对比性分析结果。曾飞等[36]通过对过盈联接接触面的试验，研究过盈接触微动磨损原理，结合有限元方法提出了一种新型过盈结构设计方法，以达到有效降低过盈联接接触面微动磨损的目的。Huang 等[37]和黄庆学等[38]研究了油膜轴承锥套与辊径接触表面在轧制载荷下发生微动疲劳损伤的力学机理，给出了边缘产生接触应力集中和微滑移的分布规律。

6. 过盈联接可靠性研究

随着对数学理论的深入探索和计算机技术的集成应用，以及机械设计方法的经验积累，机械设计思想也发生了很大变化。机械可靠性设计作为现代设计方法的一种，其设计思想对于经典设计思想具有一定的颠覆性。Frankland 等[39]提出了结构安全度，该理论成为可靠性理论的基础。Chakraborti 等[40]提出系统失效的应力-强度模型，该模型成为机械零件可靠性设计的基础。陈连[41]从可靠性理论出发，研究了过盈联接可靠性设计方法，完成了各设计参数对过盈联接工作可靠性的影响分析。张迅等[42]将可靠性设计与有限元计算相结合，实现了过盈联接的可靠度计算。徐俊良[43]在可靠性设计的基础上，引入可靠性灵敏度，实现过盈联接的可靠性稳健设计。

7. 多层过盈联接研究

随着工程实际的需要，出现了越来越多的多层过盈联接结构。Lela 等[44]针对多层过盈联接装配，提出了一种理论算法，敖文刚等[45]基于该方法，并结合双剪统一强度理论，对双层过盈联接配合半径和过盈量做了适当优化。Ozturk 等[46]通过有限元软件建立了 3 个圆筒的过盈配合模型，分析了其装配后的应力和接触压力的分布规律。赵均海等[47]通过推算多层圆筒过盈联接弹、塑性的统一解，分析了拉压比、半径比、过盈层对统一解的作用。罗中华等[48]探讨了多层过盈组合各层应力和预紧力的关系，并将其应用于多层压配组合冷挤压凹模的优化设计。Jahed 等[49]将单层圆筒厚度、接触压力、自增强比例作为变量，采用单纯形法对多层圆筒过盈联接进行了优化分析。马玲等[50]对多层过盈联接的蠕变疲劳问题展开研究，结果表明，蠕变变形会造成各层过盈量减少进而影响应力分布，引起疲劳损伤不断加剧，蠕变、疲劳交互作用会降低过盈联接的使用寿命。

通常情况下，影响多层过盈联接性能的主要因素是过盈量的取值、接触面积的大小和变形状态的改变程度。随着过盈联接装配的进行，由外到内，各过盈层的装配间隙依次减少、消除，通过层层压紧、层层过盈的方式，各过盈层最终形成多层过盈配合关系。

以风电锁紧盘为例，典型的多层过盈联接组件的工作原理是：依靠螺栓的拧紧力矩转化的轴向预紧力，使具有斜度的内、外环锥面因摩擦而产生径向力，继而形成过盈量。压力由外向内传递，使得最内层的主轴与轴套接触面形成摩擦紧固，从而达到主轴传递转矩和轴向力的设计要求。王建梅等[51-66]开展了多层过盈联接设计、计算、校核等方面的理论研究，提出了针对多层过盈联接的设计理论和校核技术，完善了机械零件过盈联接的基础设计理论与计算方法，并将该方法成功应用于风电锁紧盘的产品设计中，以此为基础开展了失效机理、可靠性、稳健性、多目标优化等方面的研究。

参 考 文 献

[1] 许定奇，孙荣文. 过盈联结的设计、计算与装拆[M]. 北京：中国计量出版社，1992.

[2] 王建梅，唐亮. 锁紧盘设计理论与方法[M]. 北京：冶金工业出版社，2014.

[3] GÜVEN U. Stress distribution in shrink fit with elastic-plastic hub exhibiting variable thickness[J]. International Journal of Mechanical Sciences, 1993, 35(1): 39-46.

[4] ÖZEL A, TEMIZ S, AYDIN M D, et al. Stress analysis of shrink-fitted joints for various fit forms via finite element method[J]. Materials & Design, 2005, 26(4): 281-289.

[5] 岳普煜，王建梅，黄庆学，等. 弹性结合油膜轴承锥套的装配力学行为研究[J]. 中北大学学报（自然科学版），2008，29（5）：405-408.

[6] 岳普煜，王建梅，马立峰，等. 热连轧机油膜轴承弹性过盈装配过程研究[J]. 太原科技大学学报，2006，27（4）：301-305.

[7] PEDERSEN P. On shrink fit analysis and design[J]. Computational Mechanics, 2006, 37(2): 121-130.

[8] 滕瑞静，张余斌，周晓军，等. 圆柱面过盈联接的力学特性及设计方法[J]. 机械工程学报，2012，48（13）：160-166.

[9] 殷丹华. 收缩盘联接的应力分析方法研究[D]. 南京：南京航空航天大学，2011.

[10] 张颖艳，王生泽. 基于有限元模型的圆锥面过盈联接接触应力与动态性能分析[J]. 东华大学学报（自然科学版），2014，40（1）：117-121.

[11] 李伟建，潘存云. 锥面过盈联接静力分析的一种工程方法[J]. 机械强度，2011，33（1）：86-92.

[12] 张洪武，廖爱华，吴昌华. 压气机过盈配合的弹塑性有摩擦接触的研究[J]. 工程力学，2007，24（1）：186-192.

[13] 黄庆学，王建梅，静大海，等. 油膜轴承锥套过盈装配过程中的压力分布及损伤[J]. 机械工程学报，2006（10）：102-108.

[14] HUANG Q X, WANG J M, ZHAO C J, et al. Simulation on mechanical behaviors of oil-film bearing sleeve by elastic interference fit[J]. 武汉理工大学学报, 2006, 28(s1): 173-176.

[15] LEWIS R, MARSHALL M B, DWYER-JOYCE R S. Measurement of interface pressure in interference fits[J]. Proceedings of the Institution of Mechanical Engineers, Part C: Journal of Mechanical Engineering Science, 2005, 219(2): 127-139.

[16] 符杰. 过盈配合的摩擦系数研究[D]. 大连：大连理工大学，2007.

[17] 寇淑清，乔健，皮文皓，等. 滚花连接的中空凸轮轴装配过程影响因素分析[J]. 吉林大学学报（工学版），2008（2）：323-328.

[18] LEE M G, WAN X K, WANG P B, et al. Design of real-time detection software system oriented press mounting[J]. Advanced Materials Research, 2013, 711: 529-534.

[19] BOUTOUTAOU H, BOUAZIZ M, FONTAINE J F. Modelling of interference fits with taking into account surfaces roughness with homogenization technique[J]. International Journal of Mechanical Sciences, 2013, 69(4): 21-31.

[20] CROCCOLO D, DE AGOSTINIS M, VINCENZI N. Static and dynamic strength evaluation of interference fit and adhesively bonded cylindrical joints[J]. International Journal of Adhesion and Adhesives, 2010, 30(5): 359-366.

[21] YANG G M, COQUILLE J C, FONTAINE J F, et al. Influence of roughness on characteristics of tight interference fit of a shaft and a hub[J]. International Journal of Solids & Structures, 2001, 38(42): 7691-7701.

[22] RAO P V, RAMAMOORTHY B, RADHAKRISHNAN V. Role of interacting surfaces in the performance enhancement of interference fits[J]. International Journal of Machine Tools & Manufacture, 1995, 35(10): 1375-1384.

[23] SOGALAD I, UDUPA N G S. Influence of cryogenic treatment on load bearing ability of interference fitted assemblies[J]. Materials & Design, 2010, 31(1): 564-569.

[24] SNIEZEK L, ZIMMERMAN J, ZIMMERMAN A. The carrying capacity of conical interference-fit joints with laser reinforcement zones[J]. Journal of Materials Processing Technology, 2010, 210(6-7): 914-925.

[25] MACK W, PLÖCHL M. Transient heating of a rotating elastic–plastic shrink fit[J]. International Journal of Engineering Science, 2000, 38(8): 921-938.

[26] SEN S, AKSAKAL B. Stress analysis of interference fitted shaft–hub system under transient heat transfer conditions[J]. Materials & Design, 2004, 25(5): 407-417.

[27] QIU J, ZHOU M. Analytical solution for interference fit for multi-Layer thick-walled cylinders and the application in crankshaft bearing design[J]. Applied Sciences, 2016, 6(6): 167-187.

[28] 马平, 莫德云, 吴广荣. 电主轴阶梯动态过盈量对主轴扭矩传递能力的影响[J]. 中国机械工程, 2013, 24（21）: 2933-2938.

[29] LEWIS S J, HOSSAIN S, BOOKER J D, et al. Measurement of torsionally induced shear stresses in shrink-fit assemblies[J]. Experimental Mechanics, 2009, 49(5): 637-651.

[30] 杨广雪, 谢基龙, 李强, 等. 过盈配合微动损伤的关键参数[J]. 机械工程学报, 2010, 46（16）: 53-59.

[31] SACKFIELD A, BARBER J R, HILLS D A, et al. A shrink-fit shaft subject to torsion[J]. European Journal of Mechanics - A/Solids, 2002,21(1): 73-84.

[32] TRUMAN C E, SACKFIELD A, HILLS D A. Torsional loading of a finite shrink-fit shaft[J]. Proceedings of the Institution of Mechanical Engineers, Part C: Journal of Mechanical Engineering Science, 2002, 216(11): 1109-1115.

[33] JUUMA T. Torsional fretting fatigue strength of a shrink-fitted shaft with a grooved hub[J]. Tribology International, 2000, 33(8): 537-543.

[34] LANOUE F, VADEAN A, SANSCHAGRIN B. Finite element analysis and contact modeling considerations of interference fits for fretting fatigue strength calculations[J]. Simulation Modelling Practice & Theory, 2009, 17(10): 1587-1602.

[35] LANOUE F, VADEAN A, SANSCHAGRIN B. Fretting fatigue strength reduction factor for interference fits[J]. Simulation Modeling Practice & Theory, 2011, 19(9): 1811-1823.

[36] 曾飞, 陈光雄, 周仲荣. 基于 ANSYS 的轮对过盈配合微动分析[J]. 机械工程学报, 2011, 47（5）: 121-125.

[37] HUANG Q X, WANG J M. Research and experiment on sleeve damage mechanism of oil film bearing in large-scale mill[C]. World Tribology Congress III, 2005: 169-170.

[38] 黄庆学, 李璞, 王建梅, 等. 宏微观跨尺度下的锥套运行力学机理研究[J]. 机械工程学报, 2016, 52（14）: 213-220.

[39] FRANKLAND F H, ROBERTS E B, PUGSLEY A G, et al. Discussion of "The Safety of Structures"[J]. Transactions of the American Society of Civil Engineers, 2014, 112: 160-170.

[40] CHAKRABORTI S, WIEL M A V D. A nonparametric control chart based on the Mann-Whitney statistic[J]. Statistics, 2008,1: 156-172.

[41] 陈连. 过盈联接可靠性设计研究[J]. 中国机械工程, 2005, 16（1）: 28-32.

[42] 张迅, 孙义忠, 何爱民, 等. ANSYS/PDS 风电齿轮箱收缩盘联接可靠性分析[J]. 重庆大学学报, 2016, 39（2）: 17-24.

[43] 徐俊良. 风电锁紧盘可靠性稳健设计研究[D]. 太原: 太原科技大学, 2016.

[44] LELA B, MUSA A, ZOVKO O. Model-based controlling of extrusion process[J]. International Journal of Advanced Manufacturing Technology, 2014, 74(9-12): 1267-1273.

[45] 敖文刚，唐全波，黄勇刚. 用统一强度理论的多层预应力组合凹模强度设计和应用[J]. 塑性工程学报，2011，18（6）：31-35.

[46] OZTURK F, WOO T. Simulations of interference and interfacial pressure for three disk shrink fit assembly[J]. Gazi University Journal of Science, 2010,23(2): 233-236.

[47] 赵均海，朱倩，张常光，等. 基于统一强度理论的组合厚壁圆筒弹塑性统一解[J]. 固体力学学报，2014，35（1）：63-70.

[48] 罗中华，张质良. 多层压配组合冷挤压凹模的优化设计[J]. 塑性工程学报，2003，10（4）：38-41.

[49] JAHED H, FARSHI B, KARIMI M. Optimum autofrettage and shrink-fit combination in multi-Layer cylinders[J]. Journal of Pressure Vessel Technology, 2006,128(2): 196-200.

[50] 马玲，罗远新，宋宗泰，等. 疲劳-蠕变交互作用下挤压筒设计理论及寿命预测模型[J]. 机械工程学报，2017，53（16）：163-172.

[51] 王建梅，陶德峰，黄庆学，等. 多层圆筒过盈配合的接触压力与过盈量算法研究[J]. 工程力学，2013，30（9）：270-275.

[52] 王建梅，康建峰，陶德峰，等. 多层过盈联接的设计方法[J]. 四川大学学报（工程科学版），2013，45（4）：84-89.

[53] WANG J M, KANG J F, TANG L. Theoretical and experimental studies for wind turbine's shrink disk[J]. Proceedings of the Institution of Mechanical Engineers, Part C: Journal of Mechanical Engineering Science, 2014, 229(2): 325-334.

[54] WANG J M, NING K, TANG L, et al. Modeling and finite element analysis of load‐carrying performance of a wind turbine considering the influence of assembly factors[J]. Applied Sciences, 2017, 7(3): 298-232.

[55] WANG J M, NING K, XU J L, et al. Reliability-based robust design of wind turbine's shrink disk[J]. Proceedings of the Institution of Mechanical Engineers, Part C: Journal of Mechanical Engineering Science, 2018, 232(15): 2685-2696.

[56] 徐俊良，王建梅，宁可，等. N层过盈联接结合压力算法研究[J]. 工程设计学报，2017，24（1）：83-88.

[57] 王建梅，侯成，陶德峰，等. 一种确定锁紧盘内环与外环接触面尺寸的方法：201110087010.X[P]. 2011-11-02.

[58] 王建梅，康建峰，侯成，等. 一种确定风电锁紧盘过盈量的方法：201110087018.6[P]. 2011-08-17.

[59] 王建梅，陶德峰，康建峰，等. 一种校核风电锁紧盘强度的方法：201110175396.X[P]. 2011-12-28.

[60] 王建梅，岳一领，陶德峰，等. 一种计算双锥锁紧盘过盈量的方法：201310199182.5[P]. 2013-09-04.

[61] 王建梅，唐亮，张亚南，等. 一种考虑温度影响计算锁紧盘过盈量的方法：201310219677.X[P]. 2013-10-23.

[62] 王建梅，宁可，白泽兵，等. 一种校核风电锁紧盘设计尺寸的方法：201710606958.9[P]. 2017-11-28.

[63] 王建梅，陶德峰，唐亮，等. 加工偏差对风电锁紧盘性能的影响分析[J]. 机械设计，2014，31（1）：59-63.

[64] 康建峰，王建梅，唐亮，等. 兆瓦级风电机组锁紧联接的设计研究[J]. 工程设计学报，2014，21（5）：487-493.

[65] 宁可，王建梅，姜宏伟，等. 多层过盈联接的可靠性稳健设计研究[J]. 机械设计，2018，35（12）：8-16.

[66] BAI Z B, WANG J M, NING K, et al. Contact pressure algorithm of multi-Layer interference fit considering centrifugal force and temperature gradient[J]. Applied Sciences, 2018, 8(5): 1-12.

第2章 多层过盈联接的计算方法

本章首先以厚壁圆筒理论为基础,给出圆筒受不同压力时的应力与变形计算,推导出多层过盈联接过盈量与接触压力的关系、过盈量与装配压力的关系。然后,在此基础上,开展多层过盈联接的设计计算,提出消除位移法、消除间隙法、受力平衡法等多种设计方法。最后,结合风电锁紧盘这一具体实例,给出多层过盈联接的过盈量计算、整体尺寸设计、螺栓扭紧力矩计算、设计校核方法及安装应用说明等。

2.1 过盈联接的计算基础

2.1.1 过盈联接计算假设

过盈联接把包容件与被包容件均看作圆筒,其设计计算的对象是组合圆筒。由于某些规律尚未知晓,或者难以用数学公式表达,计算组合圆筒的受力、变形时,需要做如下假设:

1)过盈层的接触压力不存在周向和轴向位置影响,同一结合面接触压力保持不变。忽略结合面粗糙度等因素对其受力、变形的作用。

2)组合圆筒在弹性范围内发生变形,材料的弹性模量为常量,过盈层的接触变形量和应力大小满足线性关系。

3)过盈联接的连接件处在平面应力状态,无轴向应力,只受周向、径向应力。

2.1.2 厚壁圆筒理论基础

厚壁圆筒是工程中常见的重要构件,如压力容器、高压管道等。机械工程中的传动轴与轴套、冷挤压组合凹模、水炮的高压活塞套及水工隧道、复合支护等都属于组合厚壁圆筒[1]。对于圆筒过盈联接,厚壁与薄壁往往是相对的表述,并没有一个严格的界定范围。在实际生产环节,采用的过盈联接包容件与被包容件均存在一定的壁厚,符合厚壁圆筒定义。严格地讲,过盈联接的应力沿壁厚并不是均匀分布的,如果运用薄壁圆筒理论,则存在较大误差。因此,通常选用厚壁圆筒理论作为其基础设计计算理论。厚壁圆筒理论的具体特征如下:

1)径向应力不能忽略,应力与半径存在函数关系。

2)周向位移为零,只存在径向和轴向位移。

3)存在周向、轴向、径向应变。

圆筒形零件在机械工业中应用广泛,如高压容器、水压机工作缸、液压缸及各种高压管道等,工作中均承受内压。冷挤压加工用的组合模具的内模,工作中同时承受内压和外压,这些都可以简化成受压作用下的圆筒[2-4]。同时,在工程上的一些旋转体结构,其所承受的载荷与约束关于轴截面对称,如架空的或埋置较深的管道、隧道及机械上紧配合的轴套等。圆筒几何形状和载荷对称于圆筒轴线,其壁内各点应力和变形也对称于轴线,这类问题统称为轴对称问题[5-7]。

轴对称问题,其应力表达式[8]为

$$\begin{cases} \sigma_{\rho} = \dfrac{A}{\rho^2} + 2B \\[2mm] \sigma_{\varphi} = -\dfrac{A}{\rho^2} + 2B \\[2mm] \tau_{\rho\varphi} = 0 \end{cases} \tag{2.1}$$

式中,σ_{ρ} 为圆筒的径向应力;σ_{φ} 为圆筒的周向应力;$\tau_{\rho\varphi}$ 为圆筒的剪应力;ρ 为筒壁内任一点到圆心的距离;A、B 由边界条件和约束条件确定。

径向位移的表达式为

$$\begin{cases} u_{\rho} = \dfrac{1}{E}\left[-(1+\nu)\dfrac{A}{\rho} + 2(1-\nu)B\rho \right] \\[2mm] u_{\varphi} = 0 \end{cases} \tag{2.2}$$

式中,u_{ρ} 为圆筒的径向位移;ν 为泊松比;E 为弹性模量;u_{φ} 为圆筒的周向位移。

1. 受内、外压力的圆筒应力与变形的计算

如图 2.1 所示,设一个厚壁圆筒的内半径为 a,外半径为 b,内外壁分别受内外压力 p_a、p_b 作用,扭转角为 φ,这属于典型的应力轴对称问题,应力关系满足式(2.1)。

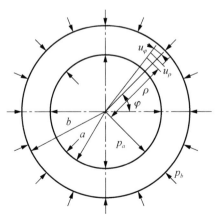

图 2.1   受内、外压力的圆筒示意图

其边界条件为

$$(\sigma_\rho)_{\rho=a} = -p_a, \ (\sigma_\rho)_{\rho=b} = -p_b \tag{2.3}$$

将式（2.3）代入式（2.1），得到

$$\frac{A}{a^2} + 2B = -p_a, \ \frac{A}{b^2} + 2B = -p_b \tag{2.4}$$

求解式（2.4），得到

$$A = \frac{a^2 b^2 (p_b - p_a)}{b^2 - a^2}, \ B = \frac{p_a a^2 - p_b b^2}{2(b^2 - a^2)} \tag{2.5}$$

将式（2.5）代入式（2.1），得到筒壁内任一点的应力表达式为

$$\begin{cases} \sigma_\rho = \dfrac{a^2 b^2}{b^2 - a^2} \dfrac{p_b - p_a}{\rho^2} + \dfrac{a^2 p_a - b^2 p_b}{b^2 - a^2} \\[3mm] \sigma_\varphi = -\dfrac{a^2 b^2}{b^2 - a^2} \dfrac{p_b - p_a}{\rho^2} + \dfrac{a^2 p_a - b^2 p_b}{b^2 - a^2} \\[3mm] \tau_{\rho\varphi} = 0 \end{cases} \tag{2.6}$$

将式（2.5）代入式（2.2），得到筒壁内任一点的径向位移表达式为

$$u_\rho = \frac{1-\nu}{E} \cdot \frac{a^2 p_a - b^2 p_b}{b^2 - a^2} \cdot \rho + \frac{1+\nu}{E} \cdot \frac{a^2 b^2 (p_a - p_b)}{b^2 - a^2} \cdot \frac{1}{\rho} \tag{2.7}$$

2. 只受内压力的圆筒应力与变形计算

只受内压力的圆筒在实际中最为常见，如液压缸、高压容器等仅受内压力而无外压力，该类型的简化模型示意图如图 2.2 所示。

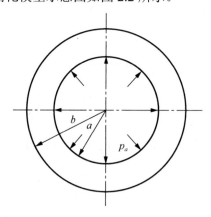

图 2.2　只受内压力的圆筒示意图

当圆筒仅受内压力作用时，将 $p_b = 0$ 代入式（2.6），得到筒壁内任一点的应力表达式为

$$\begin{cases} \sigma_\rho = \dfrac{a^2 p_a}{b^2 - a^2} - \dfrac{a^2 b^2}{b^2 - a^2} \dfrac{p_a}{\rho^2} \\[3mm] \sigma_\varphi = \dfrac{a^2 p_a}{b^2 - a^2} + \dfrac{a^2 b^2}{b^2 - a^2} \dfrac{p_a}{\rho^2} \\[3mm] \tau_{\rho\varphi} = 0 \end{cases} \tag{2.8}$$

圆筒受径向压应力 σ_ρ 作用，同时受周向拉应力 σ_φ 作用，最大压应力和最大拉应力均在内壁上，表达式分别为

$$\sigma_{\rho\max} = (\sigma_\rho)_{\rho=a} = -p_a, \quad \sigma_{\varphi\max} = (\sigma_\varphi)_{\rho=a} = \frac{(b/a)^2 + 1}{(b/a)^2 - 1} p_a$$

将 $p_b = 0$ 代入式（2.7），得到筒壁内任意一点的径向位移表达式为

$$u_\rho = \frac{1-\nu}{E} \cdot \frac{a^2 p_a}{b^2 - a^2} \cdot \rho + \frac{1+\nu}{E} \cdot \frac{a^2 b^2 p_a}{b^2 - a^2} \cdot \frac{1}{\rho} \tag{2.9}$$

3. 只受外压力的圆筒应力与变形计算

在工程实际中，存在大量仅受外压力作用的结构，如架空或埋置较深的管道及机械上紧配合的轴套等，该类型的简化模型示意图如图 2.3 所示。

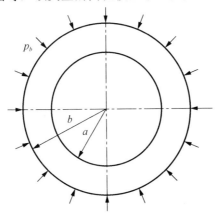

图 2.3　只受外压力的圆筒示意图

圆筒仅受外压力作用，将 $p_a = 0$ 代入式（2.6），得到筒壁内任一点的应力表达式为

$$\begin{cases} \sigma_\rho = \dfrac{a^2 b^2}{b^2 - a^2} \dfrac{p_b}{\rho^2} - \dfrac{b^2 p_b}{b^2 - a^2} \\[3mm] \sigma_\rho = \dfrac{a^2 b^2}{b^2 - a^2} \dfrac{p_b}{\rho^2} - \dfrac{b^2 p_b}{b^2 - a^2} \\[3mm] \tau_{\rho\varphi} = 0 \end{cases} \tag{2.10}$$

这种情况下，σ_ρ、σ_φ 均为压应力，最大径向压应力在外壁，最大周向压应力在内壁，其表达式为

$$(\sigma_\varphi)_{\rho=a} = -\dfrac{2}{1-\left(\dfrac{a}{b}\right)^2}p_b$$

当 $b \gg a$ 时，内壁 $\left|\dfrac{\sigma_\varphi}{p_2}\right|_{\rho=a} \approx 2$，$\left|\dfrac{\sigma_\varphi}{p_2}\right|_{\rho=b} \approx 1$，$(\sigma_\rho)_{\rho=a}=0$，$(\sigma_\rho)_{\rho=b}=-p_b$。

将 $p_a=0$ 代入式（2.7），得到筒壁内任意一点的径向位移表达式为

$$u_\rho = \frac{1-\nu}{E} \cdot \frac{-b^2 p_b}{b^2-a^2} \cdot \rho - \frac{1+\nu}{E} \cdot \frac{a^2 b^2 p_b}{b^2-a^2} \cdot \frac{1}{\rho} \tag{2.11}$$

2.2　多层过盈联接过盈量设计算法

2.2.1　多层过盈联接过盈量与接触压力的关系

过盈联接的工作原理是：被包容件（内筒）的外径向内收缩，同时包容件（外筒）的内径向外膨胀，包容件与被包容件因径向位移变化而产生过盈量，过盈结合面形成径向接触压力。过盈配合示意图如图 2.4 所示。传统过盈配合属于单层过盈联接。

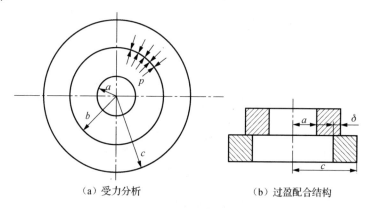

（a）受力分析　　　　　　　（b）过盈配合结构

图 2.4　过盈配合示意图

a—被包容件内半径；b—被包容件外半径；c—包容件外半径；p—过盈结合面径向接触压力；δ—内筒或外筒径向变化量

单层过盈联接对于被包容件（内筒）仅受外压力作用，令 $\rho=b$ 代入式（2.11），得到内筒（被包容件）外半径变化量

$$\delta_a = u\Big|_{\rho=b} = -\frac{bp}{E_a}\left(\frac{b^2+a^2}{b^2-a^2} - \nu_a\right) \tag{2.12}$$

式中，E_a、ν_a 分别为内筒（被包容件）材料的弹性模量与泊松比。

单层过盈联接对于包容件（外筒）仅受内压力作用，将 $\rho=b$ 代入式（2.9），

得到外筒（包容件）内半径变化量

$$\delta_b = u\Big|_{\rho=b} = -\frac{bp}{E_b}\left(\frac{b^2+a^2}{b^2-a^2} - v_b\right) \tag{2.13}$$

式中，E_b、v_b 分别是外筒（包容件）材料的弹性模量与泊松比。

从图 2.4 可看出，过盈量

$$\delta = |\delta_a| + |\delta_b| \tag{2.14}$$

将式（2.12）和式（2.13）代入式（2.14），得到过盈量 δ 与接触压力 p 的关系表达式为

$$p = \frac{\delta}{b\left[\dfrac{1}{E_a}\left(\dfrac{b^2+a^2}{b^2-a^2} - v_a\right) + \dfrac{1}{E_b}\left(\dfrac{c^2+b^2}{c^2-b^2} - v_b\right)\right]} \tag{2.15}$$

若 $E_a = E_b = E$，$v_a = v_b = v$，式（2.15）可简化为

$$p = \frac{E\delta(c^2-b^2)(b^2-a^2)}{2b^3(c^2-a^2)} \tag{2.16}$$

由单层扩展推导到多层，在多层过盈联接中，圆筒由内到外依次编号 S_1，…，S_{i+1}，定义 p_i 为圆筒 S_i 与 S_{i+1} 过盈结合面的接触压力，圆筒 S_i 与 S_{i+1} 结合面之间的过盈量为 δ_i，图 2.5 为多层过盈联接示意图，图 2.6 为多层过盈联接中圆筒 S_i 的受力及变形图，$\Delta_{1,i}$、$\Delta_{2,i}$ 分别为圆筒 S_i 受压后内、外表面产生的径向位移。

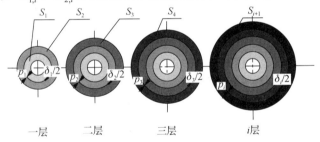

图 2.5　多层过盈联接示意图

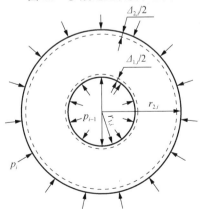

图 2.6　多层过盈联接中圆筒 S_i 的受力及变形

由厚壁圆筒理论可知厚壁圆筒受内、外压力时圆筒内任意一点的径向位移[5-9]。圆筒 S_i 内表面的径向位移

$$\Delta_{1,i} = \frac{1-v_i}{E_i} \cdot \frac{d_{1,i}^2 p_{i-1} - d_{2,i}^2 p_i}{d_{2,i}^2 - d_{1,i}^2} \cdot d_{1,i} + \frac{1+v_i}{E_i} \cdot \frac{d_{1,i}^2 d_{2,i}^2 (p_{i-1} - p_i)}{d_{2,i}^2 - d_{1,i}^2} \cdot \frac{1}{d_{1,i}}$$
$$= K_{1,i} p_{i-1} - K_{2,i} p_i \tag{2.17}$$

式中，$i=1,2,\cdots,n$；$d_{1,i}$、$d_{2,i}$ 分别为圆筒 S_i 的内径和外径；v_i、E_i 分别为圆筒 S_i 的泊松比和弹性模量；设外径与内径的比值 $n_i = \dfrac{d_{2,i}}{d_{1,i}}$，定义径向位移 $\Delta_{1,i}$ 的相关系数 $K_{1,i} = \dfrac{[(1-v_i)+(1+v_i)n_i^2]d_{1,i}}{E_i(n_i^2-1)}$，$K_{2,i} = \dfrac{2d_{1,i}n_i^2}{E_i(n_i^2-1)}$。

圆筒 S_i 外表面的径向位移

$$\Delta_{2,i} = \frac{1-v_i}{E_i} \cdot \frac{d_{1,i}^2 p_{i-1} - d_{2,i}^2 p_i}{d_{2,i}^2 - d_{1,i}^2} \cdot d_{2,i} + \frac{1+v_i}{E_i} \cdot \frac{d_{1,i}^2 d_{2,i}^2 (p_{i-1} - p_i)}{d_{2,i}^2 - d_{1,i}^2} \cdot \frac{1}{d_{2,i}}$$
$$= K_{3,i} p_{i-1} - K_{4,i} p_i \tag{2.18}$$

式中，$i=1,2,\cdots,n$；定义径向位移 $\Delta_{2,i}$ 的相关系数 $K_{3,i} = \dfrac{2d_{2,i}}{E_i(n_i^2-1)}$，$K_{4,i} = \dfrac{[(1+v_i)+(1-v_i)n_i^2]d_{2,i}}{E_i(n_i^2-1)}$。

由式（2.17）和式（2.18）推导出多层过盈联接中圆筒 S_i 和 S_{i+1} 的过盈量和圆筒内、外表面径向位移的关系为

$$\delta_i = \Delta_{1,i+1} - \Delta_{2,i}$$
$$= -K_{3,i} p_{i-1} + (K_{1,i+1} + K_{4,i}) p_i - K_{2,i+1} p_{i+1} \tag{2.19}$$

式中，$i=1,2,\cdots,n$；δ_i 为第 i 层过盈联接的过盈量。

根据式（2.19），得到多层过盈联接接触压力与过盈量之间的矩阵表达式为[10]

$$\boldsymbol{KP} = \boldsymbol{\delta} \tag{2.20}$$

式中，$\boldsymbol{\delta} = [\delta_1, \delta_2, \cdots, \delta_i]^{\mathrm{T}}$；$\boldsymbol{P} = [p_1, p_2, \cdots, p_i]^{\mathrm{T}}$；

$$\boldsymbol{K} = \begin{bmatrix} (K_{1,2}+K_{4,1}) & -K_{2,2} & 0 & \cdots & 0 & 0 & 0 \\ -K_{3,2} & (K_{1,3}+K_{4,2}) & -K_{2,3} & 0 & \cdots & 0 & 0 \\ 0 & -K_{3,3} & (K_{1,4}+K_{4,3}) & -K_{2,4} & 0 & \cdots & 0 \\ \vdots & & \vdots & \vdots & \vdots & & \vdots \\ 0 & \cdots & 0 & -K_{3,n-2} & (K_{1,n-1}+K_{4,n-2}) & -K_{2,n-1} & 0 \\ 0 & 0 & \cdots & 0 & -K_{3,n-1} & (K_{1,n}+K_{4,n-1}) & -K_{2,n} \\ 0 & 0 & 0 & \cdots & 0 & -K_{3,n} & (K_{1,n+1}+K_{4,n}) \end{bmatrix}$$

由多层过盈联接的位移边界条件可知

$$
\begin{cases}
\Delta_{2,1} - \Delta_{1,2} = \Delta_1 \\
\Delta_{2,2} - \Delta_{1,3} = \Delta_2 \\
\Delta_{2,i-1} - \Delta_{1,i} = \Delta_{i-1} \\
\Delta_{1,i+1} - \Delta_{2,i} = \delta_i
\end{cases}
\tag{2.21}
$$

式中，$\Delta_1, \Delta_2, \cdots, \Delta_{i-1}$ 分别为圆筒 S_1 与 S_2，S_2 与 S_3，$\cdots$，S_{i-1} 与 S_i 之间的装配间隙；δ_i 为圆筒 S_i 与 S_{i+1} 之间的设计过盈量。

由式（2.21）得到最内层过盈联接接触压力 p_1 满足

$$
p_1 = N_1 \cdot \Delta_1 + N_2 \cdot \Delta_2 + \cdots + N_{i-1} \cdot \Delta_{i-1} + N_i \cdot \delta_i
\tag{2.22}
$$

式中，$i = 1, 2, \cdots, n$；$N_1, N_2, \cdots, N_i$ 为 $K_{1,i}, \cdots, K_{4,i}$ 之间的关系表达式。

结合式（2.21）和式（2.22），得出圆筒 S_i 与 S_{i+1} 之间的接触压力 p_i 关系式为

$$
p_i = G_i - H_i p_{i-2} + J_i p_{i-1}
\tag{2.23}
$$

式中，$i \geqslant 2$；G_i、H_i、J_i 为与边界条件有关的系数，$G_i = \dfrac{\Delta_{i-1}}{K_{2,i}}$，$H_i = \dfrac{K_{3,i-1}}{K_{2,i}}$，

$J_i = \dfrac{K_{4,i-1} + K_{1,i}}{K_{2,i}}$。

由式（2.22）和式（2.23）可得，对于不同的过盈层数 i，接触压力随着层数的增加而减小，即 $p_i > p_{i+1}$。

由式（2.19）和式（2.22）进一步得到 $i = 1$ 时，即单层过盈联接接触压力与过盈量的关系表达式为

$$
p_1 = \frac{\delta}{d \left[\dfrac{1}{E_2} \left(\dfrac{n_2^2 + 1}{n_2^2 - 1} - \nu_2 \right) + \dfrac{1}{E_1} \left(\dfrac{n_1^2 + 1}{n_1^2 - 1} + \nu_1 \right) \right]}
\tag{2.24}
$$

由式（2.24）可知，$i = 1$ 时，结合直径 d 越大，接触压力 p_i 越小。

分析多层过盈联接接触压力 p_i 时，把圆筒 $S_1 \sim S_i$ 看成一个整体，圆筒 $S_{i+1} \sim S_n$ 看成另一个整体，那么接触压力同样与结合直径成反比，即接触压力随着第 i 层过盈层结合直径的增加而减小。

如果把圆筒 $S_2 \sim S_n$ 视为一个整体 S_x，多层过盈联接可以视为圆筒 S_1 与圆筒 S_x 的单层过盈联接。由式（2.24）可知，组成 S_x 的圆筒个数越多，直径比 n_2 越大，导致接触压力增大。所以，p_1 随着过盈层数的增加而增大。

2.2.2　多层过盈联接过盈量与装配压力的关系

对过盈联接进行装配时，通常采用施加轴向推进压力的方式，将被包容件直接压入包容件中产生过盈配合关系。本节通过对多层过盈联接中过盈量与推进压力关系的研究，为多层过盈联接组件的设计、校核与装配提供理论指导[11]。

　　风电锁紧盘作为一种典型的多层过盈联接装置，是兆瓦（MW）级风力发电机的主轴与齿轮箱输入端行星架之间的重要连接件。锁紧盘主要有 SP1 型单圆锥锁紧盘和 SP2 型双圆锥锁紧盘。SP1 型单圆锥锁紧盘主要组件包括主轴 1、螺栓 2、内环 3、外环 4 和轴套 5，如图 2.7 所示。主轴 1 与轴套 5、轴套 5 与内环 3 的结合面在装配前属于间隙配合，通过液压装配将螺栓 2 拧紧，使内、外环发生相对轴向位移，拧紧螺栓后，在各个结合面形成过盈配合关系，利用结合面之间产生的径向压力锁紧主轴，层层压紧，层层过盈，达到传递转矩的目的。

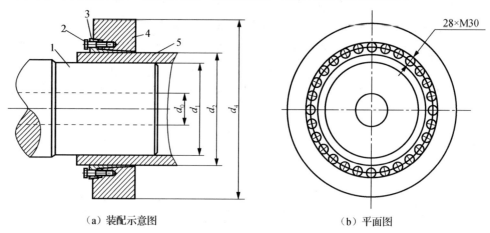

（a）装配示意图　　　　　　　　　　　　（b）平面图

图 2.7　SP1 型单圆锥锁紧盘结构示意图

1—主轴；2—螺栓；3—内环；4—外环；5—轴套

　　过盈联接设计中，过盈量是主要设计目标量[12]。风电锁紧盘的设计重点是内、外环之间的过盈量，以此为基础通过几何关系可完成全部尺寸的设计，具体步骤见 2.5.2 节。

　　以单圆锥风电锁紧盘为例，开展多层过盈联接过盈量与装配压力的关系研究。该类型风电锁紧盘主要以长圆锥面作为作用对象，短圆锥面起辅助作用，故将主轴、轴套、内环长圆锥面、外环长圆锥面分别看作圆筒 $S_1,\cdots,S_4$。

1. 第一层过盈：主轴与轴套结合面

　　根据设计要求传递的额定转矩 M，得出主轴与轴套结合面最小接触压力[13]

$$p_{1\min} = \frac{2M}{\pi\mu_1 d_1 l_1} \tag{2.25}$$

式中，d_1、μ_1 为主轴与轴套结合面的直径和摩擦系数；l_1 为主轴与轴套结合面的配合长度。当主轴与轴套不发生塑性变形时，可以求出主轴与轴套结合面的最大接触压力

$$p_{1\max} = \min\{p_{1\max a}, p_{1\max b}\} \tag{2.26}$$

式中，被包容件轴的最大压力

$$p_{1\max a} = \frac{1 - (d_{1,1}/d_1)^2}{2}\sigma_{S1} \qquad (2.27)$$

包容件轴套的最大压力

$$p_{1\max b} = \frac{1 - (d_1/d_{2,4})^2}{\sqrt{3 + (d_1/d_{2,4})^4}}\sigma_{S2} \qquad (2.28)$$

式（2.27）和式（2.28）中，$d_{1,1}$ 为主轴的内径；$d_{2,4}$ 为外环的外径；σ_{S1}、σ_{S2} 分别为被包容件轴和包容件（轴套、内环、外环）的屈服强度。

2. 第二层过盈：轴套与内环结合面

结合式（2.23），得出轴套与内环结合面的最小接触压力

$$p_{2\min} = \frac{\Delta_1 + (K_{1,2} + K_{4,1})p_{1\min}}{K_{2,2}} \qquad (2.29)$$

与式（2.26）同理，可以推导出轴套与内环结合面的最大接触压力 $p_{2\max}$。

3. 第三层过盈：内环与外环结合面

风电锁紧盘主要靠内环与外环长圆锥面之间的过盈配合使结合面产生径向接触压力，因此其内环受力关系可简化为图 2.8。

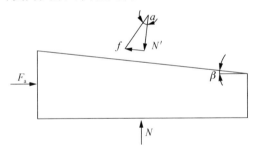

图 2.8　风电锁紧盘内环受力关系

受力分析具体表示为

$$\begin{cases} N = N'\cos\beta - f\sin\beta \\ f = N'\mu_2 \\ F_a = N'\sin\beta + f\cos\beta \\ N = p_3 l_1 d_3 \pi \end{cases} \qquad (2.30)$$

式中，N 为轴套对内环结合面的作用力；N' 为外环对内环结合面的作用力；μ_2、f 为内、外环结合面的摩擦系数和摩擦力；β 为内环锥角；F_a 为实际的螺栓总预紧力；p_3 为内、外环结合面的接触压力，等效于长圆锥结合面的接触压力；l_1、d_3 分别为内、外环长圆锥结合面的配合长度和平均直径。

结合式（2.30），得出设计螺栓总预紧力（装配压力）F_n 与内、外环结合面的接触压力 p_3 满足如下关系式：

$$F_n = k_a F_a = k_a p_3 l_1 d_3 \pi \tan(\alpha + \beta) \tag{2.31}$$

式中，k_a 为安全系数，取值范围为 $1.2 \sim 1.5$，具体数值依据锁紧盘的型号而定；α 为内环锥角 β 对应的摩擦角。

由式（2.31）和式（2.23），可以建立轴向设计螺栓总预紧力（装配压力）与各过盈层接触压力 p_i 之间的关系。结合 Lame 方程，建立接触压力 p_i 与设计过盈量 δ_i 的关系式为

$$\delta_i = p_i d_i \left(\frac{C_i}{E_i} + \frac{C_{i+1}}{E_{i+1}} \right) \tag{2.32}$$

式中，$i=1,2,\cdots,n$；d_i 为被包容件圆筒 S_i 与包容件圆筒 S_{i+1} 结合面的直径，$d_i = d_{2,i} = d_{1,i+1}$；被包容件 S_i 的被包容件系数 $C_i = \dfrac{d_i^2 + d_{1,i}^2}{d_i^2 - d_{1,i}^2} - v_i$；包容件 S_{i+1} 的包容件系数 $C_{i+1} = \dfrac{d_{1,i+1}^2 + d_i^2}{d_{1,i+1}^2 - d_i^2} + v_{i+1}$；$E_i$、$v_i$ 分别为圆筒 S_i 的弹性模量和泊松比；E_{i+1} 为圆筒 S_{i+1} 的弹性模量。

联立式（2.31）和式（2.32），即可建立设计螺栓总预紧力（装配压力）F_n 与各过盈层过盈量 δ_i 之间的函数关系式，具体如下：

当 $i=1$ 时，

$$\delta_1 = k_{12} F_n - b_{12} \tag{2.33}$$

式中，δ_1 为第一层过盈主轴与轴套之间的过盈量；k_{12}、b_{12} 为与已知条件相关的系数，满足

$$k_{12} = \frac{K_{2,3} K_{2,2} d_1 (C_1 E_2 + C_2 E_1)}{E_1 E_2 [k_a l_1 d_3 \pi \tan(\alpha + \beta)][(K_{4,2} + K_{1,3})(K_{1,2} + K_{4,1}) - K_{2,2} K_{3,2}]}$$

$$b_{12} = \frac{d_1 (C_1 E_2 + C_2 E_1) \left[K_{2,2} R_2 + (K_{4,2} + K_{1,3}) R_1 \right]}{E_1 E_2 \left[(K_{4,2} + K_{1,3})(K_{1,2} + K_{4,1}) - K_{2,2} K_{3,2} \right]}$$

式中，E_1、C_1 为被包容件（主轴）的弹性模量和被包容件系数；E_2、C_2 为包容件（轴套）的弹性模量和包容件系数。

当 $i=2$ 时，

$$\delta_2 = k_{23} F_n - b_{23} \tag{2.34}$$

式中，δ_2 为第二层过盈轴套与内环之间的过盈量；k_{23}、b_{23} 为与已知条件相关的系数，满足

$$k_{23} = \frac{K_{2,3} K_{2,2} d_2 (K_{1,2} + K_{4,1})(C_2' E_3 + C_3 E_2')}{K_{2,2} E_2' E_3 [k_a l_1 d_3 \pi \tan(\alpha + \beta)][(K_{4,2} + K_{1,3})(K_{1,2} + K_{4,1}) - K_{2,2} K_{3,2}]}$$

$$b_{23} = \frac{d_2(C_2'E_3 + C_3E_2')}{E_2'E_3} \left\{ \frac{(K_{1,2} + K_{4,1})\left[K_{2,2}R_2 + (K_{4,2} + K_{1,3})R_1\right]}{K_{2,2}\left[(K_{4,2} + K_{1,3})(K_{1,2} + K_{4,1}) - K_{2,2}K_{3,2}\right]} - \frac{R_1}{K_{2,2}} \right\}$$

式中，E_2'、C_2' 为被包容件（主轴、轴套）的弹性模量和被包容件系数；E_3、C_3 为包容件（内环）的弹性模量和包容件系数。

当 $i = 3$ 时，

$$\delta_3 = k_{34}F_n \tag{2.35}$$

式中，δ_3 为第三层过盈内环与外环之间的过盈量；k_{34} 为与已知条件相关的系数，满足 $k_{34} = \dfrac{C_3'E_4 + C_4E_3'}{k_a l_1 d_3 \pi \tan(\alpha + \beta)E_3'E_4}$，$E_3'$、$C_3'$ 分别为被包容件（主轴、轴套、内环）的弹性模量和被包容件系数；E_4、C_4 分别为包容件（外环）的弹性模量和包容件系数。

综合以上内容，可以建立风电锁紧盘设计螺栓总预紧力（装配压力）F_n 与第 i 层过盈结合面过盈量 δ_i 的总的函数关系式，即

$$\delta_i = k_{ij}F_n - b_{ij} \tag{2.36}$$

式中，k_{ij}、b_{ij} 为与已经条件相关的特性系数，$j = i + 1$，$i \in [1,3]$，且 $i \in \mathbf{Z}$；基于式（2.18）～式（2.21），根据锁紧盘对于转矩传递的要求和各部件不发生塑性破坏的限制，可以推导出每个结合面的最小和最大压力 $p_{i\min}$、$p_{i\max}$。结合式（2.31），得到最大、最小设计螺栓总预紧力（装配压力）$F_{n\min}$、$F_{n\max}$，$F_n \in [F_{n\min}, F_{n\max}]$；结合式（2.32），得到结合面的最小和最大过盈量 $\delta_{i\min}$、$\delta_{i\max}$，$\delta_i \in [\delta_{i\min}, \delta_{i\max}]$。

根据锁紧盘的具体装配情况，将设计螺栓总预紧力 F_n 平均分配到每个螺栓上，可以计算出单个螺栓的拧紧力矩

$$M_t = k\frac{F_n}{n}d_m \tag{2.37}$$

式中，k 为扭紧力系数，取值范围在《机械设计手册》[13]中可查得；n 为螺栓数目；d_m 为螺栓的直径。结合式（2.31），可建立更加符合生产装配要求的螺栓扭紧力矩与过盈量之间的函数关系式，即

$$\delta_i = k_{ij}'M_t + b_{ij}' \tag{2.38}$$

式中，k_{ij}'、b_{ij}' 为与已知条件相关的系数。

2.3　多层过盈联接过盈量的设计计算

多层过盈联接过盈量计算的假设条件是包容件与被包容件的应力处于平面应力状态，即轴向应力为零，材料的弹性模量为常量，连接部分为多个等长的厚壁圆筒，属于弹性范围内的计算。多层过盈联接结合面上的接触压力与应力分布如图 2.9 所示。

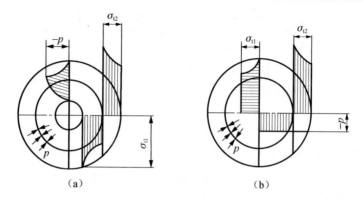

图 2.9 多层过盈联接结合面上的接触压力与应力分布

p—接触压力；　σ_{t1}—内环径向接触应力分布；　σ_{t2}—外环径向接触应力分布

多层过盈联接设计的已知条件通常为传递载荷、被连接件的材料、摩擦系数、结构尺寸和表面粗糙度，配合的最佳过盈量具体计算过程如下：

1）根据最内层被包容件所需的传递载荷确定最小接触压力 $p_{1\min}$ 及相应的最小过盈量 $\delta_{1\min}$。

2）根据最内层包容件和被包容件材料与尺寸的关系，确定不产生塑性变形的最大接触压力 $p_{1\max}$ 及相应的最大有效过盈量 $\delta_{1\max}$。

3）根据位移边界条件和包容件、被包容件材料与尺寸的关系，依次确定其余各层最小和最大接触压力 $p_{i\min}$、$p_{i\max}$，最小和最大有效过盈量 $\delta_{i\min}$、$\delta_{i\max}$。

4）根据各层最小和最大有效过盈量计算值，确定基本过盈量，最后选出配合的最佳过盈量。

依据多层过盈联接理论计算模型涉及的圆柱和圆锥过盈联接，计算过程如下所述。

2.3.1 圆柱过盈联接的相关计算

圆柱过盈联接中包容件与被包容件之间的结合面为圆柱形（图 2.4）。该连接结构简单，加工方便，广泛应用于轴毂连接、轮圈与轮心、滚动轴承与轴的连接。具体计算内容如下。

1. 计算传递载荷所需的最小接触压力 $p_{\min}$ 和最小过盈量 $\delta_{\min}$

（1）计算过盈联接传递载荷所需的最小接触压力

当传递轴向力 F_s 时，过盈结合面所需的最小接触压力

$$p_{\min} = \frac{F_s}{\mu \pi d l} \tag{2.39}$$

式中，μ 为结合面的摩擦系数；d 为过盈结合面的直径；l 为结合面的配合长度。

当传递转矩 M 时，过盈结合面所需的最小接触压力

$$p_{\min} = \frac{2M}{\mu\pi dl} \tag{2.40}$$

当同时传递转矩 M 和轴向力 F_s 时，过盈结合面所需的最小接触压力

$$p_{\min} = \frac{\sqrt{F_s^2 + \left(\dfrac{2M}{d}\right)^2}}{\mu\pi dl} \tag{2.41}$$

（2）计算过盈联接传递载荷所需的最小过盈量

过盈联接传递载荷所需的最小过盈量

$$\delta_{e\min} = pd\left(\frac{C_a}{E_a} + \frac{C_b}{E_b}\right) \tag{2.42}$$

式中，E_a、E_b 分别为被包容件和包容件材料的弹性模量；被包容件系数 $C_a = \dfrac{1+(d_a/d)^2}{1-(d_a/d)^2} - v_a$，包容件系数 $C_b = \dfrac{1+(d/d_b)^2}{1-(d/d_b)^2} + v_b$，$d_a$、$d_b$ 分别为被包容件内径和包容件外径，v_a、v_b 分别为被包容件和包容件材料的泊松比。常用材料的弹性模量、泊松比和线膨胀系数见表 2.1。

表 2.1 常用材料的弹性模量、泊松比和线膨胀系数

材料	弹性模量 E/MPa	泊松比 v	线膨胀系数 α/（10^{-6}/℃）	
			加热	冷却
碳钢、低合金钢、合金结构钢	200000～235000	0.3～0.31	11	−8.5
灰口铸铁 HT150、HT200	70000～80000	0.24～0.25	10	−8
灰口铸铁 HT150、HT200	105000～130000	0.24～0.26	10	−8
可锻铸铁	90000～180000	0.25	10	−8
非合金球墨铸铁	160000～180000	0.28～0.29	10	−8
青铜	85000	0.35	17	−15
黄铜	80000	0.36～0.37	18	−16
铝合金	69000	0.32～0.36	21	−20
镁合金	40000	0.25～0.3	25.5	−25

对于压入法装配，同时需要考虑配合表面的压平量，最小过盈量 $\delta_{\min}$ 满足

$$\delta_{\min} = \delta_{e\min} + (S_a + S_i) \tag{2.43}$$

式中，S_a、S_i 分别为结合面微观被压平部分的深度，如图 2.10 所示。

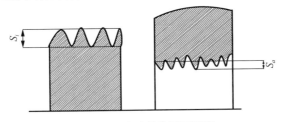

图 2.10 过盈联接压平深度

对于温差法装配，最小过盈量 $\delta_{\min}$ 满足

$$\delta_{\min} = \delta_{e\min} \tag{2.44}$$

2. 计算零件不产生塑性变形时所允许的最大接触压力 $p_{\max}$ 和最大过盈量 $\delta_{\max}$

过盈联接由包容件和被包容件组成，为了保证过盈联接的有效性，包容件和被包容件均不能发生塑性变形。包容件受内压力作用，被包容件受外压力作用。由于受力和尺寸的不同，两者承载能力也不相同。

被包容件不产生塑性变形所允许的最大接触压力

$$p_{a\max} = \frac{1 - (d_a / d)^2}{2} \sigma_{sa} \tag{2.45}$$

包容件不产生塑性变形所允许的最大接触压力

$$p_{b\max} = \frac{1 - (d / d_b)^2}{\sqrt{3 + (d / d_b)^4}} \sigma_{sb} \tag{2.46}$$

式中，σ_{sa}、σ_{sb} 分别为被包容件和包容件材料的屈服极限。

取 $p_{a\max}$、$p_{b\max}$ 中的较小值作为各部件不产生塑性变形所允许的最大接触压力 $p_{\max}$。

如果不考虑安装时磨平的影响，各部件不产生塑性变形所对应被包容件内筒外表面的最大直径变化量

$$e_{a\max} = p_{\max} d \frac{C_a}{E_a} \tag{2.47}$$

包容件外筒内表面的最大直径变化量

$$e_{b\max} = p_{\max} d \frac{C_b}{E_b} \tag{2.48}$$

因此，不产生塑性变形的最大过盈量

$$\delta_{\max} = e_{a\max} + e_{b\max} \tag{2.49}$$

3. 过盈联接装配参数的计算

采用压入法时需要的压入力

$$F_{xi} = [p_{\max}] \pi d l \mu \tag{2.50}$$

式中，$[p_{\max}] = \dfrac{[\delta_{\max}]}{d\left(\dfrac{C_a}{E_a} + \dfrac{C_b}{E_b}\right)}$，$[\delta_{\max}]$ 为按照《产品几何技术规范（GPS）极限与配合 公差带和配合的选择》（GB/T 1801—2009）选定的最大配合过盈量，满足 $[\delta_{\max}] \leqslant \delta_{\max}$。

需要的压出力

$$F_{xe} = (1.3 \sim 1.5) F_{xi} \tag{2.51}$$

采用胀缩法时被包容件的加热温度

$$t_a = \frac{e_a}{\alpha_a d} + t_0 \tag{2.52}$$

式中，e_a 为被包容件外径的冷缩量，即实际过盈量与冷装的最小间隙之和；α_a 为被包容件材料的热膨胀系数；t_0 为装配环境的温度。

包容件的加热温度

$$t_b = \frac{[\delta_{max}] + \varDelta}{\alpha_b d} + t_0 \tag{2.53}$$

式中，$\varDelta$ 为装配的最小间隙；α_b 为包容件材料的热膨胀系数。

2.3.2　圆锥过盈联接的相关计算

圆锥过盈联接过盈量的计算方法与圆柱过盈联接过盈量的计算方法相同，但应注意以下几点。

1）结合面配合直径 d 应以圆锥结合面平均直径 d_m 代替，即

$$d_m = \frac{1}{2}(d_{f1} + d_{f2}) \tag{2.54}$$

式中，d_{f1} 为结合面最小圆锥直径；d_{f2} 为结合面最大圆锥直径。

2）装拆油压通常比实际接触压力大 10%，校核材料强度时应以装拆油压进行计算。

3）采用油压装拆时，过盈配合的结合面存在油膜。所以，装拆时的摩擦系数与连接件正常工作时的摩擦系数不同。推荐油压法装拆时结合面的摩擦系数取值为 0.02，连接件工作时的摩擦系数取值为 0.12[13]。

4）圆锥过盈联接的锥度，推荐选取 1∶20、1∶30、1∶50，其轴向配合长度推荐为 $l_f \leqslant 1.5d_m$。

2.3.3　配合过盈量的选择

通常，基本过盈量 $\delta_{basic} = (\delta_{min} + \delta_{max})/2$，当要求有较多的连接件材料强度储备时，取 $\delta_{max} > \delta_{basic} > (\delta_{min} + \delta_{max})/2$；当要求有较多的被连接件材料强度储备时，$\delta_{min} < \delta_{basic} < (\delta_{min} + \delta_{max})/2$。基本偏差代号和 δ_{max}、δ_{min} 可查《产品几何技术规范（GPS）极限与配合　公差带和配合的选择》（GB/T 1801—2009）和《产品几何技术规范（GPS）极限与配合　第 2 部分：标准公差等级和孔、轴极限偏差表》（GB/T 1800.2—2009）来确定选用的配合和孔、轴公差带。选出的配合，其最大和最小过盈量 $[\delta_{max}][\delta_{min}]$ 应满足的要求为：保证连接件不产生塑性变形，即 $[\delta_{max}] \leqslant \delta_{max}$；

保证过盈联接传递额定载荷，即 $[\delta_{\min}] > \delta_{\min}$ [14]。

选择配合种类时，过盈量的上下限范围内有几种配合可供选用，一般应选择其最小过盈量 $[\delta_{\min}]$ 等于或稍大于所需过盈量 $\delta_{\min}$，$[\delta_{\min}]$ 过大会增加装配困难。选择较高精度的配合，其实际过盈量变动范围较小，连接性能较稳定，但加工精度要求较高。配合精度较低时，虽可降低加工精度要求，但实际配合过盈量变动范围较大，若成批生产，则各连接件的承载能力和装配性能相差较大。此时，需要分组装配，既可以保证加工的经济性，又可使各结合面的过盈量接近。

2.4　其他多层过盈联接过盈量的设计方法

多层过盈联接过盈量的设计方法主要是针对过盈量的不同而采用的计算方法。本章以弹性力学中受压厚壁圆筒受力与过盈联接理论为依据，推导过盈量的不同计算方法，如过盈量与接触压力关系法（2.2.1 节）和过盈量与装配压力关系法（2.2.2 节）。本节以风电锁紧盘为例介绍过盈量的其他计算方法，如消除位移法、消除间隙法和受力平衡法。

锁紧盘分为单圆锥锁紧盘与双圆锥锁紧盘，计算过盈量时，除受力平衡法仅适用于单圆锥锁紧盘过盈量计算外，其他算法对两种结构都适用。

2.4.1　消除位移法

消除位移法的计算内容是：首先计算主轴与轴套结合面所需过盈量，考虑到装配间隙，计算轴套所需要的位移；然后得出轴套所需要的接触压力，同时完成内、外环所需接触压力的计算；最后得出所设计的过盈量。

主轴与轴套结合面传递转矩 M 所需接触压力

$$p_1 = \frac{2M}{\mu_1 \pi d_1^2 l_1} \tag{2.55}$$

式中，d_1 为主轴与轴套结合面的直径；M 为主轴与轴套传递的额定转矩；l_1 为主轴与轴套结合面的长度；μ_1 为主轴与轴套结合面的摩擦系数。

主轴与轴套传递转矩所需过盈量

$$\delta_1 = p_1 d_1 \left(\frac{C_1}{E_1} + \frac{C_2}{E_2} \right) \tag{2.56}$$

式中，E_1、C_1 分别为被包容件（主轴）的弹性模量和系数；E_2、C_2 分别为包容件（轴套）的弹性模量和系数。

设主轴与轴套装配间隙为 Δ_1，则轴套内径所需缩小量

$$u_1 = \delta_1 + \Delta_1 \tag{2.57}$$

要使轴套内表面产生 u_1，则轴套外表面需要的接触压力

$$p_2 = \frac{u_1 E_2 (d_2^2 - d_1^2)}{2 d_1 d_2^2} \tag{2.58}$$

式中，d_2 为轴套与内环结合面的直径。

轴套与内环结合面过盈量

$$\delta_2 = p_2 d_2 \left(\frac{C_2'}{E_2} + \frac{C_3}{E_4} \right) \tag{2.59}$$

式中，C_2' 为被包容件（主轴与轴套）系数，$C_2' = \frac{d_2^2 + d_0^2}{d_2^2 - d_0^2} - v_2'$，$d_0$ 为主轴内径，

v_2' 为主轴与轴套的等效泊松比；C_3 为包容件（内环）系数，$C_3 = \frac{d_3^2 + d_2^2}{d_3^2 - d_2^2} + v_3$，$d_3$

为内环与外环结合面的平均内径，v_3 为内环与外环的等效泊松比；E_4 为外环的弹性模量。

设轴套与内环装配间隙为 Δ_2，内环内径所需缩小量

$$u_2 = \delta_2 + \Delta_2 \tag{2.60}$$

要使内环内表面产生 u_2，则内环外表面需要接触压力

$$p_3 = \frac{u_2 E_3 (d_3^2 - d_2^2)}{2 d_2 d_3^2} \tag{2.61}$$

式中，E_3 为内环的弹性模量。

内环与外环过盈量

$$\delta_3 = p_3 d_3 \left(\frac{C_3'}{E_3} + \frac{C_4}{E_4} \right) \tag{2.62}$$

式中，C_3' 为被包容件（主轴、轴套与内环）系数，$C_3' = \frac{d_3^2 + d_0^2}{d_3^2 - d_0^2} - v_3'$，$v_3'$ 为主轴、

轴套与内环的等效泊松比；C_4 为包容件（外环）系数，$C_4 = \frac{d_4^2 + d_3^2}{d_4^2 - d_3^2} + v_4$，$v_4$ 为

主轴、轴套与外环的等效泊松比。

2.4.2　消除间隙法

消除间隙法的计算内容是：通过计算主轴与轴套结合面所需接触压力，结合消除主轴与轴套接触间隙、轴套与内环接触间隙所需要的压力，得到内环与外环结合面所需的接触压力，最后求出该结合面的过盈量。

主轴与轴套结合面传递转矩所需接触压力 p_1 可由式（2.55）得到。

设主轴与轴套结合面最大间隙为 $\Delta_{1\max}$，则轴套消除间隙所需接触压力

$$\Delta p_2 = \frac{\Delta_{1\max} E_2 (d_2^2 - d_1^2)}{2 d_1 d_2^2} \tag{2.63}$$

轴套外表面所需施加接触压力

$$p_2 = p_1 + \Delta p_2 \tag{2.64}$$

设轴套与内环配合最大间隙为 $\Delta_{2\max}$，则内环消除间隙所需接触压力

$$\Delta p_3 = \frac{\Delta_{2\max} E_3 (d_3^2 - d_2^2)}{2 d_2 d_3^2} \tag{2.65}$$

内环外表面所需施加接触压力

$$p_3 = p_2 + \Delta p_3 \tag{2.66}$$

内环与外环过盈量可由式（2.62）计算得到。

2.4.3 受力平衡法

受力平衡法的计算内容是：主轴与轴套结合面传递转矩所需接触压力 p_1 可由式（2.55）计算得到。传递转矩所需过盈量 δ_1[14]可由式（2.56）计算得到。在最大间隙 $\Delta_{1\max}$ 情况下，轴套内径所需缩小量 u_1 可由式（2.57）计算得到。要使轴套内表面产生 u_1，轴套外表面需要施加接触压力 p_2 可由式（2.58）计算得到。

如图 2.11 所示，内环长、短圆锥结合面分别受到正压力（W_{31}、W_{3s}）、摩擦力（f_{31}、f_{3s}）、螺栓的轴向力 F_s 和轴套对内环的作用力 N。

在竖直方向上，由受力平衡可得法向正压力

$$N = (W_{31} + W_{3s}) \cos \beta - (f_{31} + f_{3s}) \sin \beta \tag{2.67}$$

长、短圆锥结合面的摩擦力与正压力之间有如下关系：

$$f_{31} = \mu_3 W_{31}, \quad f_{3s} = \mu_3 W_{3s} \tag{2.68}$$

根据轴套与内环结合面的接触压力，可知正压力

$$N = p_2 \pi d_3 l_2 \tag{2.69}$$

由式（2.67）～式（2.69）得到结合面压力之和

$$W_{31} + W_{3s} = \frac{p_2 \pi d_3 l_2}{\cos \beta - \mu_3 \sin \beta} \tag{2.70}$$

式中，μ_3 为内环与外环结合面的摩擦系数；β 为内环锥角；l_2 为轴套与内环结合面的轴向长度。

根据锁紧盘的尺寸和螺栓拧紧时内环的装配行程，推导出 W_{31}、W_{3s} 的比值，假设内环的装配行程为 L，推导过程如下：

由图 2.12 中的关系，可以得到

$$c = \frac{b}{\sin \beta}, b = \frac{a}{\cos \beta} \Rightarrow c = \frac{a}{\sin \beta \cos \beta} \tag{2.71}$$

由式（2.71），可以得到外环装配行程

$$L = \frac{\delta_{31}}{\sin \beta \cos \beta} \tag{2.72}$$

因此，长圆锥结合面的过盈量 $\delta_{31} = L \sin \beta \cos \beta$，短圆锥结合面的过盈量为 δ_{3s}[15]。

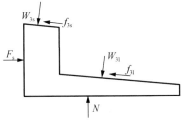
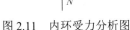

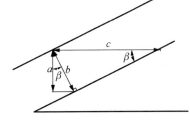

图 2.11　内环受力分析图　　　　　图 2.12　装配行程各参数关系分析示意图

将主轴、轴套和内环视为一个整体，可知：

长圆锥结合面被包容件系数

$$C_{31} = \frac{d_{31}^2 + d_1^2}{d_{31}^2 - d_1^2} - \nu_b \tag{2.73}$$

包容件系数

$$C_{41} = \frac{d_4 + d_{31}^2}{d_4 - d_{31}^2} + \nu_4 \tag{2.74}$$

式中，ν_b 为主轴、轴套与内环的等效泊松比；ν_4 为外环泊松比。

因此，得到长圆锥结合面的系数

$$C_1 = C_{31} + C_{41} \tag{2.75}$$

同理，得到短圆锥结合面的系数

$$C_s = C_{3s} + C_{4s} \tag{2.76}$$

将各组件的弹性模量看作一个等效的弹性模量，根据过盈量计算式（2.73）～式（2.76）得到长、短圆锥结合面接触压力的比值

$$\frac{\delta_{3s}}{\delta_{31}} = \frac{p_{3s} \times C_s \times d_{3s}}{p_{31} \times C_1 \times d_{31}} \Rightarrow \frac{p_{3s}}{p_{31}} = \frac{\delta_{3s} \times C_1 \times d_{31}}{\delta_{31} \times C_s \times d_{3s}} \tag{2.77}$$

将式（2.77）代入 $W = \dfrac{p\pi d l}{\cos \beta}$，得到

$$\frac{W_{3s}}{W_{31}} = \frac{\pi p_{3s} d_{3s} l_{3s}}{\pi p_{31} d_{31} l_{31}} = \frac{\delta_{3s} C_1 l_{3s}}{\delta_{31} C_s l_{31}} \tag{2.78}$$

式中，l_{31} 为长圆锥结合面的长度；l_{3s} 为短圆锥结合面的长度。

由于内环长圆锥结合面为主要过盈部分，是传递转矩和轴向力的主要计算依据，短圆锥结合面发挥辅助过盈的作用，故内环与外环接触压力

$$p_3 = \frac{W_{31} \cos \beta}{\pi d_{31} l_{31}} \tag{2.79}$$

传递负载所需最小过盈量

$$\delta_3 = p_3 d_{31} \left(\frac{C_{31} + C_{41}}{E_m} \right) \tag{2.80}$$

式中，E_m 为各组件的等效弹性模量，其计算式为

$$\frac{1}{E_m} = \frac{1}{2} \left(\frac{1 - \nu_1^2}{E_1} + \frac{1 - \nu_2^2}{E_2} \right)$$

2.5　多层过盈联接过盈量设计计算实例

以多层过盈联接组件——风电锁紧盘为实例，首先，计算内环与外环结合面的过盈量；然后进行结合面各关键点尺寸的设计，计算需要的螺栓拧紧力，完成螺栓选型设计；最后，在最大间隙与最小间隙条件下，校核设计锁紧盘的接触压力与强度。

2.5.1　过盈量的设计计算

为了更好地理解多层过盈联接过盈量的设计算法，以某型号风电锁紧盘进行设计计算，其基本参数见表 2.2。由于过盈量用装配压力关系法、受力平衡法计算与其他设计计算法的思路有较大差别，本节仅采用消除位移法、消除间隙法、位移边界条件法（过盈量与接触压力关系法）3 种方法进行计算对比，见表 2.3。

表 2.2　锁紧盘过盈量算例基本参数表

已知条件		
主轴内径 $d_0 = 60\text{mm}$		各组件材料泊松比 $\nu_1 = \nu_2 = \nu_3 = \nu_4 = 0.3$ 等效泊松比 $\nu_c = \nu_d = 0.3$ （ν_c 为主轴与轴套的泊松比，ν_d 为主轴、轴套与内环的等效泊松比）
主轴与轴套结合面的长度 $l_1 = 1.1 \times 0.255$		
主轴与轴套结合面直径 $d_1 = 520\text{mm}$		主轴与轴套结合面间隙 $\Delta_1 = 0.136\text{mm}$
轴套与内环结合面直径 $d_2 = 640\text{mm}$		轴套与内环结合面间隙 $\Delta_2 = 0.24\text{mm}$
内环与外环结合面直径 $d_3 = 663.715\text{mm}$		主轴的弹性模量 $E_1 = 210000\text{MPa}$
外环外径 $d_4 = 1020\text{mm}$		轴套的弹性模量 $E_2 = 180000\text{MPa}$
主轴与轴套结合面传递的转矩 $M = 2800\text{N}\cdot\text{m}$		内环的弹性模量 $E_3 = 210000\text{MPa}$
主轴与轴套结合面的摩擦系数 $\mu_1 = 0.15$		外环的弹性模量 $E_4 = 210000\text{MPa}$
相关系数	被包容件（主轴）系数	$C_1 = \dfrac{d_1^2 + d_0^2}{d_1^2 - d_0^2} - \nu_1 = 0.7270$
	包容件（轴套）系数	$C_2 = \dfrac{d_2^2 + d_1^2}{d_2^2 - d_1^2} + \nu_2 = 5.1851$
	被包容件（主轴与轴套）系数	$C_2' = \dfrac{d_2^2 + d_0^2}{d_2^2 - d_0^2} - \nu_c = 0.7177$
	包容件（内环）系数	$C_3 = \dfrac{d_3^2 + d_2^2}{d_3^2 - d_2^2} + \nu_3 = 27.7962$
	被包容件（主轴、轴套与内环）系数	$C_3' = \dfrac{d_3^2 + d_0^2}{d_3^2 - d_0^2} - \nu_d = 0.7165$
	包容件（外环）系数	$C_4 = \dfrac{d_4^2 + d_3^2}{d_4^2 - d_3^2} + \nu_4 = 2.7687$
	主轴与轴套结合面传递转矩所需接触压力	$p_1 = \dfrac{2M}{\mu_1 \pi d_1^2 l_1} = 156.68\text{MPa}$

表 2.3　锁紧盘过盈量算例计算结果

计算方法	计算内容	计算公式和计算结果
消除位移法	主轴与轴套传递转矩所需过盈量	$\delta_1 = p_1 d_1\left(\dfrac{C_1}{E_1} + \dfrac{C_2}{E_2}\right) = 2.629\text{mm}$
	轴套内径所需缩小量	$u_1 = \delta_1 + \Delta_1 = 2.765\text{mm}$
	使轴套内表面产生 u_1，轴套外表面所需接触压力	$p_2 = \dfrac{u_1 E_2(d_2^2 - d_1^2)}{2 d_1 d_2^2} = 162.63\text{MPa}$
	轴套与内环结合面过盈量	$\delta_2 = p_2 d_2\left(\dfrac{C_2'}{E_2} + \dfrac{C_3}{E_3}\right) = 14.192\text{mm}$
	内环内径所需缩小量	$u_2 = \delta_2 + \Delta_2 = 14.432\text{mm}$
	使内环内表面产生 u_2，内环外表面所需要接触压力	$p_3 = \dfrac{u_2 E_3(d_3^2 - d_2^2)}{2 d_2 d_3^2} = 166.18\text{MPa}$
	内环与外环过盈量	$\delta_3 = p_3 d_3\left(\dfrac{C_3'}{E_3} + \dfrac{C_4}{E_4}\right) = 1.830\text{mm}$
消除间隙法	轴套消除间隙所需接触压力	$\Delta p_2 = \dfrac{R_1 E_2(d_2^2 - d_1^2)}{2 d_1 d_2^2} = 9.333\text{MPa}$
	轴套外表面所需施加接触压力	$p_2 = p_1 + \Delta p_2 = 166.01\text{MPa}$
	内环消除间隙所需接触压力	$\Delta p_3 = \dfrac{R_2 E_3(d_{31}^2 - d_2^2)}{2 d_2 d_{31}^2} = 2.764\text{MPa}$
	内环外表面所需施加接触压力	$p_3 = p_2 + \Delta p_3 = 165.394\text{MPa}$
	内环与外环过盈量	$\delta_3 = p_3 d_3\left(\dfrac{C_3'}{E_3} + \dfrac{C_4}{E_4}\right) = 1.822\text{mm}$
位移边界条件法（过盈量与接触压力关系法）	轴套与内环结合面所需接触压力	$p_2 = G_2 + J_2 p_1 = 162.63\text{MPa}$
	内环与外环结合面所需的接触压力	$p_3 = G_3 - H_3 p_1 + J_3 p_2 = 167.01\text{MPa}$
	内环与外环过盈量	$\delta_3 = KP = 2.197\text{mm}$

2.5.2　尺寸设计

单圆锥面锁紧盘与双圆锥面锁紧盘结构区别较大，以下分别给出关于单、双圆锥面的尺寸设计方法。

1. 单圆锥结构的尺寸设计

（1）尺寸设计说明

设计尺寸时，根据部分已知关键点的参数，计算其他各关键点的尺寸，如图 2.13 所示。

首先，给定内环尺寸：C 点直径 d_C，其余各点直径依次为 d_A、d_B、d_D、d_F、d_G、d_H、d_I，长圆锥面宽度 l_{31}，短圆锥面宽度 l_{3s}，螺栓中心线直径 d_E，内环圆锥面锥角 β。

根据计算所得内环长圆锥面过盈量及内环圆锥面公差设计内环尺寸，设 $\phi d_{C-R_{31}}^{+R_{31}}$、$\phi d_{A-R_{31}}^{+R_{31}}$、$\phi d_{F-R_{31}}^{+R_{31}}$、$\phi d_{H-R_{31}}^{+R_{31}}$ 圆锥面由公差引起的直径变化量在 $[-2R_{31}, +2R_{31}]$

区间。因此，圆锥面的设计过盈量 $\delta_{31} = \delta_{31\max} + 2R_{31}$。

内环与外环圆锥面取最大间隙时（外环直径取上偏差，内环直径取下偏差）过盈量 $\delta_{31} = \delta_{31\max}$，取最小间隙时（外环直径取下偏差，内环直径取上偏差）过盈量 $\delta_{31} = \delta_{31\max} + 4R_{31}$。

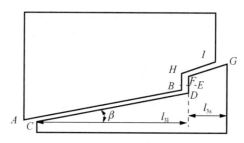

图 2.13　单圆锥锁紧盘的内环与外环配合关系

（2）确定关键尺寸[16]

已知参数： d_C，l_{31}，l_{3s}，d_E，β。

由图 2.13 中的几何关系，可计算内环尺寸为

$$d_D = d_C + 2l_{31}\tan\beta，\quad d_F = d_D + 2(d_E - d_D) = 2d_E - d_D，\quad d_G = d_F + 2l_{3s}\tan\beta$$

内环与外环结合面取最小间隙时，内环尺寸为

$$d_{C\min} = d_C + 0.062，\quad d_{D\min} = d_D + 0.062$$

$$d_{F\min} = d_F + 0.062，\quad d_{G\min} = d_G + 0.062$$

$$d_{1a\min} = (d_{C\min} + d_{D\min})/2，\quad d_{1b\min} = (d_{F\min} + d_{G\min})/2$$

内环与外环结合面取最大间隙时，内环尺寸为

$$d_{C\max} = d_C - 0.062，\quad d_{D\max} = d_D - 0.062$$

$$d_{F\max} = d_F - 0.062，\quad d_{G\max} = d_G - 0.062$$

$$d_{1a\max} = (d_{C\max} + d_{D\max})/2，\quad d_{1b\max} = (d_{F\max} + d_{G\max})/2$$

由设计的过盈量，可计算外环尺寸为

$$d_A = d_C - \delta_{31}，\quad d_B = d_A + 2l_{31}\tan\beta$$

$$d_H = d_B + 2(d_E - d_D) + 2\delta_{31}，\quad d_I = d_H + 2l_{3s}\tan\beta$$

内环与外环结合面取最小间隙时，外环尺寸为

$$d_{A\min} = d_A - 0.062，\quad d_{B\min} = d_B - 0.062$$

$$d_{H\min} = d_H - 0.062，\quad d_{I\min} = d_I - 0.062$$

内环与外环结合面取最大间隙时，外环尺寸为

$$d_{A\max} = d_A + 0.062，\quad d_{B\max} = d_B + 0.062$$

$$d_{H\max} = d_H + 0.062 , \quad d_{I\max} = d_I + 0.062$$

2. 双圆锥结构的尺寸设计

设计尺寸时，首先给定已知参数：C 点直径 d_C，其余各点直径依次为 d_A、d_B、d_D、d_E、d_F、d_G、d_H，外环宽度 H，内环宽度 l，内环圆锥面半锥角 β，内环外表面 DE 的宽度为 d，如图 2.14 所示。

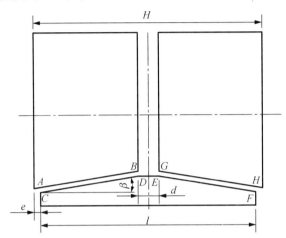

图 2.14　双圆锥锁紧盘的内环与外环配合关系

由图 2.14 中的几何关系，可计算内环尺寸为

$$d_D = d_C + (l - d)\tan\beta , \quad d_E = d_D , \quad d_F = d_C$$

内环与外环结合面取最小间隙时，内环尺寸为

$$d_{C\min} = d_C + 0.062 , \quad d_{D\min} = d_D + 0.062$$

$$d_{E\min} = d_E + 0.062 , \quad d_{F\min} = d_F + 0.062$$

内环与外环结合面取最大间隙时，内环尺寸为

$$d_{C\max} = d_C - 0.062 , \quad d_{D\max} = d_D - 0.062$$

$$d_{E\max} = d_E - 0.062 , \quad d_{F\max} = d_F - 0.062$$

由设计的过盈量可计算外环尺寸为

$$d_A = d_C - \delta_{31} - 2e\tan\beta , \quad d_B = d_A + (H - d)\tan\beta$$

$$d_G = d_B , \quad d_H = d_A$$

内环与外环结合面取最小间隙时，外环尺寸为

$$d_{A\min} = d_A - 0.062 , \quad d_{B\min} = d_B - 0.062$$

$$d_{G\min} = d_G - 0.062 , \quad d_{H\min} = d_H - 0.062$$

内环与外环结合面取最小间隙时，外环尺寸为

$$d_{A\max} = d_A + 0.062 , \quad d_{B\max} = d_B + 0.062$$

$$d_{G\max} = d_G + 0.062 , \quad d_{H\max} = d_H + 0.062$$

2.5.3　螺栓拧紧力矩的计算

不同结构类型的锁紧盘，螺栓拧紧力矩的计算方法也不同，以下分别给出单圆锥面锁紧盘与双圆锥面锁紧盘拧紧力矩的计算方法。

1. 单圆锥面锁紧盘拧紧力矩的计算方法

锁紧盘装配时，通过拧紧螺栓使内环与外环形成过盈配合。内环与外环结合面分为长圆锥面和短圆锥面，内环长圆锥面径向接触压力为 p_{3l}，短圆锥面径向接触压力为 p_{3s}。

由图 2.11 中的受力平衡可知长圆锥面正压力

$$W_{31} = \frac{p_{31}\pi d_{31}l_{31}}{\cos\beta} \tag{2.81}$$

短圆锥面正压力

$$W_{3s} = \frac{p_{3s}\pi d_{3s}l_{3s}}{\cos\beta} \tag{2.82}$$

由受力平衡可知，在水平方向上的轴向力

$$F_s = (W_{3s} + W_{31})\cdot\sin\beta + (f_{31} + f_{3s})\cdot\cos\beta \tag{2.83}$$

又知

$$f_{31} + f_{3s} = \mu_3\cdot(W_{31} + W_{3s}) \tag{2.84}$$

式中，μ_3 为内环与外环结合面的摩擦系数。

将式（2.84）代入式（2.83），得到

$$F_s = (W_{3s} + W_{31})\cdot(\sin\beta + \mu_3\cos\beta) \tag{2.85}$$

单个螺栓拧紧力矩

$$M_0 = \frac{F_s k d_m}{n\times10^3} \tag{2.86}$$

式中，k 为螺栓拧紧系数；d_m 为螺栓直径；n 为螺栓个数。

将式（2.85）代入式（2.86），得到

$$M_0 = \frac{(W_{3s} + W_{31})\cdot(\sin\beta + \mu_3\cos\beta)kd}{n\times10^3} \tag{2.87}$$

2. 双圆锥面锁紧盘拧紧力矩的计算方法

由图 2.15 中的受力平衡可知，长圆锥面正压力

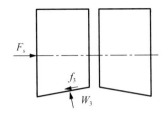

图 2.15 双圆锥锁紧盘外环受力分析图

$$W_3 = \frac{p_3 \pi d_{31} l_{31}}{2\cos\beta} \qquad (2.88)$$

由受力平衡可知，在水平方向上的轴向力

$$F_s = W_3 \sin\beta + f_3 \cos\beta \qquad (2.89)$$

摩擦力

$$f_3 = \mu_3 W_3 \qquad (2.90)$$

由式（2.89）与式（2.90），可以得到

$$F_s = W_3(\sin\beta + \mu\cos\beta) \qquad (2.91)$$

锁紧盘总的轴向力

$$F_s' = 2F_s \qquad (2.92)$$

单个螺栓拧紧力矩

$$M_0 = \frac{F_s' k d_m}{n \times 10^3} \qquad (2.93)$$

式中，k 为螺栓拧紧系数；d_m 为螺栓直径；n 为螺栓个数。

将式（2.91）与式（2.92）代入式（2.93），得到

$$M_0 = \frac{2W_3(\sin\beta + \mu\cos\beta)k d_m}{n \times 10^3} \qquad (2.94)$$

2.5.4 校核计算

校核计算主要包括两个方面：一方面是在各结合面最小间隙条件下，通过已知过盈量，计算在最大接触压力时结合面是否产生塑性变形，以及在最大间隙下，验证接触压力能否传递额定转矩；另一方面是校核各组件在最大接触压力时的强度[17]。本节以单圆锥面锁紧盘为例，提出考虑弯矩影响的校核方法[18]。

1. 校核步骤

1）计算螺栓产生的轴向力 F_s：

$$F_s = \frac{M_0 n}{k d_m} \times 10^3 \qquad (2.95)$$

式中，F_s 为螺栓产生的轴向力；n 为螺栓个数；d_m 为螺栓直径；M_0 为螺栓拧紧力矩；k 为螺栓拧紧系数。

根据锁紧盘的尺寸及受力分析，确定轴向力 F_s 与锁紧盘内环和外环径向接触

压力 p_3 的关系式为

$$p_3 = \frac{F_s}{l_1 \pi d_3 \tan(a + \beta)} \qquad (2.96)$$

式中，l_1、d_3 为内环长圆锥面结合面的长度和平均直径；β 为内环锥角；α 为内环锥角 β 所对应的校核常量，取值范围为 2.55～2.65。

2）根据锁紧盘的受力分析，在主轴与轴套、轴套与内环最大配合间隙的条件下，求出为使轴套内孔与主轴外圆接触，即轴套缩小 Δ_{1max} 所需的接触压力 p_{smax}；求出为使锁紧盘内环与轴套外圆接触，即锁紧盘内环缩小 Δ_{2max} 所需的接触压力 p_{hmax}。

计算主轴承载的接触压力

$$p_1 = p_3 - p_{hmax} - p_{smax} \qquad (2.97)$$

再通过主轴接触压力计算所传递的转矩 M_t，其表达式为

$$M_t = \frac{p_1 \pi d_1^2 l_1 \mu}{2} \qquad (2.98)$$

式中，d_1 为主轴与轴套接触直径，等效于主轴外径；μ 为主轴与轴套的摩擦系数。

3）结合风电锁紧盘设计要求的最大转矩 M_{max} 和最大弯矩 M_b，得到当量转矩 M_{tT} 的表达式为

$$M_{tT} = \sqrt{M_{max}^2 + (K'M_b)^2} \qquad (2.99)$$

式中，K' 为弯矩与转矩的折合系数。

与式（2.98）计算所得的转矩 M_t 进行比较，计算转矩的安全系数

$$S_{A0} = M_t / M_{tT} \qquad (2.100)$$

4）根据最大弯矩 M_b 和最大径向力 F_r，求得边缘压应力

$$q = \frac{F_r}{s} + \frac{M_b}{W_z} \qquad (2.101)$$

式中，s 为主轴的截面面积；W_z 为弯曲截面系数。与式（2.97）所求的主轴承载的接触压力 p_1 进行比较，如果 $q < p_1$，则符合设计要求。

5）由式（2.99）求得的当量转矩 M_{tT} 计算主轴承载的接触压力

$$p_{1t} = \frac{2M_{tT}}{\pi d_1^2 L \mu} \qquad (2.102)$$

① 在主轴与轴套、轴套与内环最大配合间隙条件下，首先对主轴进行校核，计算主轴所受径向应力 $\sigma_{1\rho}$、剪应力 τ_{1N}、弯曲应力 σ_{1b} 与合成应力 σ_{1s} 满足关系式

$$\sigma_{1s} = \sqrt{\sigma_{1\rho}^2 + 3\tau_{1N}^2} \pm \sigma_{1b} \qquad (2.103)$$

与主轴材料的屈服强度 σ_1 进行比较，计算主轴的安全系数

$$S_{A1} = \sigma_1 / \sigma_{1s} \tag{2.104}$$

② 对轴套进行校核，计算轴套外表面的接触压力

$$p_{2\max} = p_{1t} + p_{s\max} \tag{2.105}$$

计算轴套与内环结合面所受径向应力 $\sigma_{2\rho}$、切向应力 σ_{2t}、剪应力 τ_{2N}、弯曲应力 σ_{2b} 与合成应力 σ_{2s} 满足关系式

$$\sigma_{2s} = \sqrt{\sigma_{2\rho}{}^2 + \sigma_{2t}{}^2 - \sigma_{2\rho}\sigma_{2t} + 3\tau_{2N}^2} \pm \sigma_{2b} \tag{2.106}$$

与轴套材料的屈服强度 σ_2 进行比较，计算轴套的安全系数

$$S_{A2} = \sigma_2 / \sigma_{2s} \tag{2.107}$$

③ 对内环与外环结合面进行校核，计算内环外表面所需接触压力

$$p_{3\max} = p_{2\max} + p_{h\max} \tag{2.108}$$

计算内环与外环结合面所受径向应力 $\sigma_{3\rho}$、切向应力 σ_{3t} 与合成应力 σ_{3s} 满足关系式

$$\sigma_{3s} = \sqrt{\sigma_{3\rho}{}^2 + \sigma_{3t}{}^2 - \sigma_{3\rho}\sigma_{3t}} \tag{2.109}$$

与内、外环材料的屈服强度 σ_3 进行比较，计算内环与外环的安全系数

$$S_{A3} = \sigma_3 / \sigma_{3s} \tag{2.110}$$

6）在主轴与轴套、轴套与内环最大配合间隙的条件下，计算轴向力

$$p_{v1} = p_{3\max} L\pi d_3 \tan(\alpha + \beta) \tag{2.111}$$

得到所需的拧紧力矩

$$M_{s1} = \frac{p_{v1}kd}{n} \tag{2.112}$$

与给定的拧紧力矩 M_0 进行比较，校核螺栓的安全系数

$$S_{A4} = M_0 / M_{s1} \tag{2.113}$$

2. 校核实例

以某型号风电锁紧盘为例，基本参数如下：主轴内径为 75mm，外径为 520mm，轴套外径为 640mm，外环外径为 1020mm，主轴的弹性模量为 205GPa，轴套的弹性模量为 176GPa，内环与外环的弹性模量均为 210GPa，轴套与内环配合长度为 245mm。螺栓的拧紧力矩为 1660kN·m，螺栓数目为 28 个，主轴传递的最大转矩为 2040kN·m、最大弯矩为 1980kN·m、最大径向力为 3740kN，主轴的屈服强度为 600MPa，轴套的屈服强度为 380MPa，内环与外套的屈服强度为 800MPa。

根据校核步骤，主要计算过程如下。

1）螺栓产生轴向力 $F_s = 11067$kN，内环与外环径向接触压力 $p_3 = 235.541$MPa。

2）在主轴与轴套、轴套与内环最大配合间隙的条件下，得到为使轴套内孔与主轴外圆接触，即轴套缩小最大配合间隙所需的接触压力 $p_{s\,max} = 7.688\text{MPa}$，以及为使锁紧盘内环与轴套外圆接触，即锁紧盘内环缩小最大配合间隙所需的接触压力 $p_{h\,max} = 2.458\text{MPa}$，计算主轴承载的接触压力 $p_1 = 225.39\text{MPa}$，主轴传递的转矩 $M_t = 3518.26\text{kN·m}$。

3）根据最大转矩和最大弯矩，得到当量转矩 $M_{tT} = 2263.72\text{kN·m}$；与主轴传递的转矩 M_t 进行比较，计算转矩的安全系数 S_{A0}，符合设计要求。

4）根据最大弯矩和最大径向力，得到边缘压应力 $q = 161.28\text{MPa}$，小于主轴承载的接触压力 $p_1 = 225.39\text{MPa}$，符合设计要求。

5）校核安全系数 S_{A1}～S_{A4}，具体步骤如下所述：

① 由当量转矩 M_{tT}，计算主轴承载的接触压力 $p_{1t} = 145.02\text{MPa}$，在主轴与轴套、轴套与内环最大配合间隙的条件下，计算主轴所受径向应力 $\sigma_{1\rho} = 296.21\text{MPa}$，剪应力 $\tau_{1N} = 73.78\text{MPa}$，弯曲应力 $\sigma_{1b} = 143.42\text{MPa}$，合成应力 $\sigma_{1s} = 466.02\text{MPa}$，与主轴材料的屈服强度 600MPa 进行比较，计算主轴安全系数 S_{A1}，符合设计要求。

② 计算轴套外表面的接触压力 $p_{2\,max} = 152.71\text{MPa}$，计算轴套与内环结合面所受径向应力 $\sigma_{2\rho} = -145.02\text{MPa}$，切向应力 $\sigma_{2t} = -190.27\text{MPa}$，剪应力 $\tau_{2N} = 39.56\text{MPa}$，弯曲应力 $\sigma_{2b} = 76.91\text{MPa}$，合成应力 $\sigma_{2s} = 262.21\text{MPa}$，与轴套材料的屈服强度 380MPa 进行比较，计算轴套安全系数 S_{A2}，符合设计要求。

③ 计算内环外表面所需接触压力 $p_{3\,max} = 155.17\text{MPa}$，计算内环与外环结合面所受的径向应力 $\sigma_{3\rho} = -155.17\text{MPa}$，切向应力 $\sigma_{3t} = 379.81\text{MPa}$，合成应力 $\sigma_{3s} = 476.73\text{MPa}$，与内、外环材料的屈服强度 800MPa 进行比较，计算内环与外环结合面安全系数 S_{A3}，符合设计要求。

6）在主轴与轴套、轴套与内环最大配合间隙的条件下，计算轴向力 $p_{v1} = 7290.49\text{kN}$，求得所需的拧紧力矩 $M_{s1} = 1093.57\text{kN·m}$，与给定的拧紧力矩 1660kN·m 进行比较，计算螺栓的安全系数 S_{A4}，符合设计条件。

根据该型号锁紧盘工况要求传递的最大转矩、最大弯矩，求得当量转矩为 2263.72kN·m，锁紧盘理论计算所能传递的最大转矩为 3518.26kN·m。由此说明，在最大转矩和最大弯矩条件下，该锁紧盘锁紧后各部件材料均不发生塑性破坏，各校核安全系数均满足许用安全系数，符合设计要求。该校核方法属于消除间隙法（2.4.2 节），其他方法也可用于校核，在此不再赘述。

2.5.5 锁紧盘设计流程

锁紧盘设计思路是根据设计要求的转矩和已有的结构尺寸，计算锁紧盘所需过盈量，并考虑加工偏差对过盈量的影响，进而确定锁紧盘外环和内环的尺寸，对锁紧盘进行校核。设计流程图如图 2.16 所示。

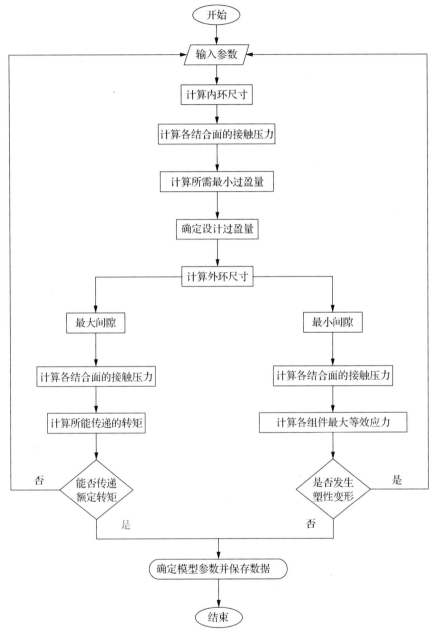

图 2.16　设计流程图

2.5.6　应用说明

1. 轴套的设计要求

1）轴套外径应有轴肩，内径应有退刀槽，而且轴套与轴的配合长度

$$L' \leqslant (1 \sim 1.1)L \tag{2.114}$$

式中，L 为锁紧盘内环长度。

2）轴与轴套的配合与表面粗糙度应符合表 2.4 的要求。

表 2.4 轴与轴套的配合与表面粗糙度

轴径 d/mm	配合	表面粗糙度
≤80	H7/h6	≤3.2μm
>80	H7/g6	

3）轴套的材料。选用屈服强度 $\sigma_{0.2} \geqslant 360\text{MPa}$ 的钢、铸钢或球铁。若传递转矩且兼有弯矩，则材料选用可热处理的钢或高质量的铸钢。

2. 锁紧盘的选定方法

1）以设计轴径 d_0 为依据，从标准系列中选定合适的规格，并校核传递最大传递转矩是否满足工作需求。

2）以需要传递的转矩为依据，选定合适的规格。在计算所需转矩时，应考虑安全系数，不同型号的锁紧盘选用不同的安全系数。如果工作中传递转矩且承受轴向力，则应计算合成转矩 M'_t。

3）锁紧盘选定后，应对轴和轴套的尺寸进行校核。

3. 锁紧盘的安装

1）操作者在安装前应熟知安装参数，并检查轴及轴套的安装尺寸，确认符合标准时方可安装。

2）拭去锁紧盘上的防腐油，并在锥形工作面和螺钉上涂抹润滑剂（最好用二硫化钼润滑剂）。

3）清洁轴和轴套内孔，进行脱脂处理。

4）将锁紧盘装于轴套上，取任意 3 个锁紧螺钉形成一个等边三角形。将螺钉轻轻拧紧，直至内环仍可在轴套上转动。

5）将轴装入轴套，并让轴套可在轴上转动。

6）使用扭力扳手拧紧锁紧螺钉。拧紧方法是按等边三角形顺序逐次拧紧，首次拧到额定转矩值的 1/4，然后逐次增加 1/4 转矩值拧紧，在拧紧过程中必须保持两个外环相互平行。

7）按额定功率重复拧紧，确保每个锁紧螺钉达到额定转矩。

4. 锁紧盘的防护与拆卸

锁紧盘的防护与拆卸要点如下：

1）安装后应给外露部分涂上防锈油脂。

2）当处于恶劣作业环境下或露天作业时，应定期涂防锈油脂，并在可能的情况下加装防护罩。

3）逐渐拧松全部锁紧螺钉，每个循环各拧松 1/4 转。当外环不能脱开时，利用拆卸螺孔拧入相应螺钉，顶松外环。

4）当轴套前的轴头发生锈蚀时，拆卸前必须除锈。

5）拆后的锁紧盘仍按安装顺序重新装好，并注意外环与内环的相对位置，以防颠倒。

参 考 文 献

[1] 朱倩，赵均海，张常光，等. 双层组合厚壁圆筒弹脆塑性极限内压统一解[J]. 工程力学，2015，32（9）：68-75.

[2] 赵均海，姜志琳，张常光，等. 不同拉压特性的厚壁圆筒极限内压统一解[J]. 力学学报，2017，49（4）：836-847.

[3] ALMASI A, BAGHANI M, MOALLEMI A. Thermomechanical analysis of hyperelastic thick-walled cylindrical pressure vessels, analytical solutions and FEM[J]. International Journal of Mechanical Sciences, 2017, 130: 426-436.

[4] NEJAD M Z, FATEHI P. Exact elasto-plastic analysis of rotating thick-walled cylindrical pressure vessels made of functionally graded materials[J]. International Journal of Engineering Science, 2015, 86: 26-43.

[5] 王建梅，陶德峰，黄庆学，等. 多层圆筒过盈配合的接触压力与过盈量算法研究[J]. 工程力学，2013，30（9）：270-275.

[6] ZARE H R, DARIJANI H. A novel autofrettage method for strengthening and design of thick-walled cylinders[J]. Materials & Design, 2016, 105: 366-374.

[7] KELES I, TUTUNCU N. Effect of anisotropy on axisymmetric dynamic response of thick-walled cylinders[J]. International Journal of Pressure Vessels & Piping, 2009, 86(7): 435-442.

[8] 吴家龙. 弹性力学[M]. 北京：高等教育出版社，2001.

[9] 王建梅，康建峰，陶德峰，等. 多层过盈联接的设计方法[J]. 四川大学学报（工程科学版），2013，45（4）：84-89.

[10] 徐俊良，王建梅，宁可，等. N 层过盈联接结合压力算法研究[J]. 工程设计学报，2017，24（1）：83-88.

[11] 唐亮，王建梅，陶德峰，等. 装配间隙对风电锁紧盘性能的影响分析[J]. 太原科技大学学报，2013，34（2）：125-129.

[12] 中国重型机械工业协会. 重型机械标准（第二卷）[M]. 昆明：云南科技出版社，2007.

[13] 成大先. 机械设计手册.单行本.连接与紧固[M]. 5 版. 北京：化学工业出版社，2010.

[14] 王建梅，康建峰，侯成，等. 一种确定风电锁紧盘过盈量的方法：201110087018.6[P]. 2011-08-17.

[15] 康建峰，王建梅，唐亮，等. 兆瓦级风电机组锁紧连接的设计研究[J]. 工程设计学报，2014，21（5）：487-493.

[16] WANG J M, KANG J F, TANG L. Theoretical and experimental studies for wind turbine's shrink disk[J]. Proceedings of the Institution of Mechanical Engineers, Part C: Journal of Mechanical Engineering Science, 2014, 229(2): 325-334.

[17] 王建梅，陶德峰，康建峰，等. 一种校核风电锁紧盘强度的方法：201110175396.X[P]. 2011-12-28.

[18] 王建梅，宁可，白泽兵，等. 一种校核风电锁紧盘设计尺寸的方法：201710606958.9[P]. 2017-11-28.

第3章 多层过盈联接可靠性稳健设计

本章引入现代设计方法，首先介绍机械可靠性稳健设计的基础知识，以风电锁紧盘为例，通过建立力学模型，提出可靠度模型，给出灵敏度模型，开展多层过盈联接可靠性稳健设计研究；接着引入动态载荷模型、剩余强度模型，得到动态可靠性模型和动态灵敏度模型，实现对多层过盈联接的动态可靠性稳健设计计算；最后，应用蒙特卡罗仿真法求解风电锁紧盘可靠度，通过蒙特卡罗仿真对比分析多层过盈联接可靠性稳健设计结果，进一步验证本章设计算法的可靠性。

3.1 机械可靠性稳健设计基础

3.1.1 机械可靠性的定义

可靠性是衡量产品质量的主要指标，早期的可靠性研究仅仅从定性上说明，缺乏定量的度量方法。随着概率与统计理论的引入，可靠性才得以系统地研究，同时可以实现定量表达。

经典的可靠性定义是产品在规定的条件和规定的时间内完成规定功能的能力。产品的可靠性通过可靠性特征量来度量，常用的可靠性特征量有可靠度、平均寿命、可靠寿命、有效寿命、失效率和维修度等。

机械可靠性设计中，一般把可靠度作为度量机械零件不失效的可靠性指标。可靠度是指产品在规定条件和时间内完成规定功能的概率，一般记为 R。设计产品时，根据产品可靠性的要求确定可靠度的目标值。表 3.1 列出了可靠度值分类等级及应用情况[1]。

表 3.1 可靠度值分类等级及应用情况

等级	可靠度值	应用情况
0	<0.9	不重要，失效后果不计。例如，不重要的轴承 $R=0.5\sim0.8$
1	≥0.9	较重要，失效引起的损失不大。例如，一般轴承 $R=0.9$
2	≥0.99	重要，失效引起较大损失。一般齿轮的齿面强度 $R\approx0.98$，抗弯强度 $R\approx0.999$
3	≥0.999	寿命不长但要求高可靠性的飞机主传动齿轮 $R=0.99\sim0.9999$。失效后果很严重的重
4	≥0.9999	要建筑 $R=0.9999\sim0.99999$
5	1.0	很重要，失效后会引起灾难性的后果，由于 $R>0.9999$，很难准确定量，建议在计算应力时取大于 1 的计算系数来保证

可靠度是机械产品质量的主要指标和重要的技术指标之一。现代生产的经验

表明，在设计、制造和使用的 3 个阶段中，设计决定了产品的可靠性水平，即产品的固有可靠性。制造和使用这两个阶段的任务是保证产品可靠性指标的实现。根据相关统计，产品设计对产品质量的贡献率达到 70%～80%，可见设计在决定产品的固有可靠性中占有很大比例。可靠性试验数据是可靠性设计的基础，但是试验不能提高产品的可靠性，只有设计才能决定产品的固有可靠性。将概率统计意义上的分析与设计方法应用于实际产品的分析与设计，是当前我国机械行业重要的研究方向之一[2]。机械产品与可靠性的关系如图 3.1 所示。

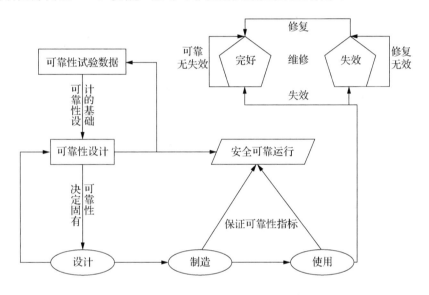

图 3.1　机械产品与可靠性的关系

随着可靠性技术的迅速发展，很多机械可靠性分析与设计方法被提出，实质上可以归于物理原因法和数学模型法两大类。物理原因法，即考虑失效的物理原因的方法，后期主要向两个方向发展：一是应力-强度干涉模型法及相应的扩展方法，该方法考虑产品失效的原因是作用在产品上的应力大于产品本身的强度，因此，可靠度是强度大于应力的概率；二是定义可靠度为一定任务水平内不发生失效的概率。数学模型法，即在大量试验数据的基础上分析得到的概率统计规律，后期主要向两个方向发展：一是在时间范畴内，随着时间的发展，可靠性发生规律性的变化，如耗损失效与疲劳寿命；二是偶然因素的作用导致产品失效，故可利用偶然事件发生的概率来推算可靠度，如首次超限破坏。可靠性设计的框图如图 3.2 所示，图中虚线表示可靠性动态监测是可靠性设计工作内容的延伸，有些可靠性设计通过动态监测实现试制、加工、试验、运转、损坏等的实时监测与统计。

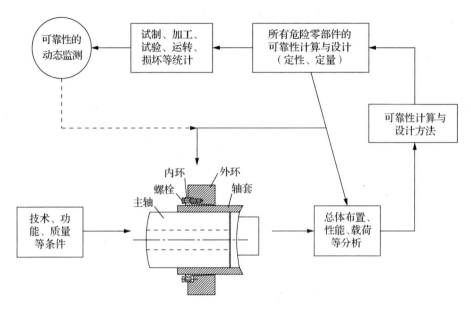

图 3.2　可靠性设计框图

3.1.2　机械零件的可靠性稳健设计

稳健设计作为一种低成本、高质量的设计思想和方法，综合考虑产品性能、质量和成本，选择最佳设计[2]，不仅可以提高产品质量，而且有助于降低成本。在机械产品设计中，正确地应用稳健设计的理论与方法可以使产品在制造和使用中，或者在规定的寿命期间内，当设计因素发生微小变化时，也能保证产品质量的稳定。稳健设计方法起源于日本学者田口博士创立的三次设计法，即系统设计、参数设计、容差设计。随着计算机技术、优化技术的发展，稳健设计方法注入了许多新的内容，并在工程界和学术界引起了极大的关注[3]。

现有的稳健设计方法大体上分为两类：一类是以经验或半经验设计为基础的传统稳健设计方法，主要有田口方法、响应面法和广义模型法等[4]；另一类是以工程模型为基础，与优化技术相结合的工程稳健优化设计方法，主要有容差多面体法、灵敏度法、变差传递法等[5]。

机械产品稳健设计的一种有效实用的途径是通过极小化灵敏度来实现稳健设计，在设计阶段通过灵敏度分析，使产品的质量对不确定因素的敏感性最小，使产品具有稳健性。该方法的优点是能够设计出允许更大容差的产品，同时具有较低的成本，使所设计的产品具有对设计参数变化的不敏感性，即稳健性。其基本思想是，当设计参数发生微小的变化时，在制造或使用中都能够保证产品质量的稳健性，以便为企业带来最大的效益，对社会产生最小的损失。

机械产品的可靠性稳健设计是在可靠性设计、优化设计、灵敏度设计和稳健设计的基础上进行的一种可靠性设计方法，把可靠性灵敏度融入优化设计模型，将可靠性稳健设计归结为满足可靠性要求的多目标优化设计问题。在机械产品的设计中，正确地应用可靠性稳健设计方法，可以使产品在经受各种因素的干扰下，都能保持其可靠性，以使产品的可靠性对设计参数的变化不敏感，提高产品的安全可靠性和鲁棒稳健性[6,7]。可靠性稳健设计框图如图 3.3 所示。

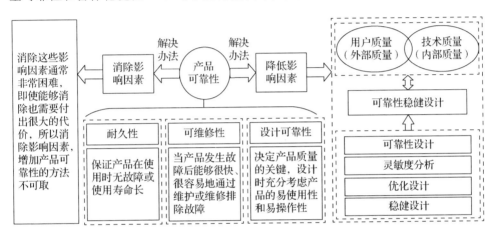

图 3.3　可靠性稳健设计框图

3.2　多层过盈联接可靠性稳健设计计算

3.2.1　基本模型

1. 力学模型

为了实现多层过盈联接的可靠性稳健设计，以三层过盈联接模型为例。该模型由圆筒 S_1、S_2、S_3、S_4 组成，按照 2.2 节中介绍的多层过盈联接设计算法完成计算。

根据式（2.17）和式（2.18），可得到圆筒 S_1 外径的位移 $\Delta_{2,1}$、圆筒 S_2 内径的位移 $\Delta_{1,2}$、圆筒 S_2 外径的位移 $\Delta_{2,2}$、圆筒 S_3 内径的位移 $\Delta_{1,3}$、圆筒 S_3 外径的位移 $\Delta_{2,3}$、圆筒 S_4 内径的位移 $\Delta_{1,4}$[8]：

$$
\begin{cases}
\Delta_{2,1} = \dfrac{1-\nu_1}{E_1} \cdot \dfrac{d_{1,1}{}^2 p_0 - d_{2,1}{}^2 p_1}{d_{2,1}{}^2 - d_{1,1}{}^2} \cdot d_{2,1} + \dfrac{1+\nu_1}{E_1} \cdot \dfrac{d_{1,1}{}^2 d_{2,1}{}^2 (p_0 - p_1)}{d_{2,1}{}^2 - d_{1,1}{}^2} \cdot \dfrac{1}{d_{2,1}} = K_{3,1} p_0 - K_{4,1} p_1 \\[2mm]
\Delta_{1,2} = \dfrac{1-\nu_2}{E_2} \cdot \dfrac{d_{1,2}{}^2 p_1 - d_{2,2}{}^2 p_2}{d_{2,2}{}^2 - d_{1,2}{}^2} \cdot d_{1,2} + \dfrac{1+\nu_2}{E_2} \cdot \dfrac{d_{1,2}{}^2 d_{2,2}{}^2 (p_1 - p_2)}{d_{2,2}{}^2 - d_{1,2}{}^2} \cdot \dfrac{1}{d_{1,2}} = K_{1,2} p_1 - K_{2,2} p_2 \\[2mm]
\Delta_{2,2} = \dfrac{1-\nu_2}{E_2} \cdot \dfrac{d_{1,2}{}^2 p_1 - d_{2,2}{}^2 p_2}{d_{2,2}{}^2 - d_{1,2}{}^2} \cdot d_{2,2} + \dfrac{1+\nu_2}{E_2} \cdot \dfrac{d_{1,2}{}^2 d_{2,2}{}^2 (p_1 - p_2)}{d_{2,2}{}^2 - d_{1,2}{}^2} \cdot \dfrac{1}{d_{2,2}} = K_{3,2} p_1 - K_{4,2} p_2 \\[2mm]
\Delta_{1,3} = \dfrac{1-\nu_3}{E_3} \cdot \dfrac{d_{1,3}{}^2 p_2 - d_{2,3}{}^2 p_3}{d_{2,3}{}^2 - d_{1,3}{}^2} \cdot d_{1,3} + \dfrac{1+\nu_3}{E_3} \cdot \dfrac{d_{1,3}{}^2 d_{2,3}{}^2 (p_2 - p_3)}{d_{2,3}{}^2 - d_{1,3}{}^2} \cdot \dfrac{1}{d_{1,i}} = K_{1,3} p_2 - K_{2,3} p_3 \\[2mm]
\Delta_{2,3} = \dfrac{1-\nu_3}{E_3} \cdot \dfrac{d_{1,3}{}^2 p_2 - d_{2,3}{}^2 p_3}{d_{2,3}{}^2 - d_{1,3}{}^2} \cdot d_{2,3} + \dfrac{1+\nu_3}{E_3} \cdot \dfrac{d_{1,3}{}^2 d_{2,3}{}^2 (p_2 - p_3)}{d_{2,3}{}^2 - d_{1,3}{}^2} \cdot \dfrac{1}{d_{2,3}} = K_{3,3} p_2 - K_{4,3} p_3 \\[2mm]
\Delta_{1,4} = \dfrac{1-\nu_4}{E_4} \cdot \dfrac{d_{1,4}{}^2 p_3 - d_{2,4}{}^2 p_4}{d_{2,4}{}^2 - d_{1,4}{}^2} \cdot d_{1,4} + \dfrac{1+\nu_4}{E_4} \cdot \dfrac{d_{1,4}{}^2 d_{2,4}{}^2 (p_3 - p_4)}{d_{2,4}{}^2 - d_{1,4}{}^2} \cdot \dfrac{1}{d_{1,4}} = K_{1,4} p_3 - K_{2,4} p_4
\end{cases}
\tag{3.1}
$$

式中，$d_{1,i}$、$d_{2,i}$ 分别为圆筒 S_i 的内径、外径；ν_i、E_i 分别为圆筒 S_i 的泊松比、弹性模量。

根据式（2.21），可知三层过盈联接的位移边界条件为

$$
\begin{cases}
\Delta_{2,1} - \Delta_{1,2} = \Delta_1 \\
\Delta_{2,2} - \Delta_{1,3} = \Delta_2 \\
\Delta_{1,4} - \Delta_{2,3} = \delta_3
\end{cases}
\tag{3.2}
$$

再根据式（2.22），得出所设计的圆筒 S_1 与 S_2 的接触压力 $p_{1,d}$ 满足关系式[9]：

$$
p_{1,d} = p_1 = N_1 \cdot R_1 + N_2 \cdot R_2 + N_3 \cdot \delta_3
\tag{3.3}
$$

式中，

$$
N_1 = \frac{-\left[(K_{1,4} + K_{4,3})(K_{4,2} + K_{1,3}) - K_{2,3} K_{3,3}\right]}{\left[K_{2,3} K_{3,3}(-K_{4,1} - K_{1,2}) - (K_{1,4} + K_{4,3})\right] \cdot \left[K_{3,2} K_{2,2} + (K_{4,2} + K_{1,3})(-K_{4,1} - K_{1,2})\right]};
$$

$$
N_2 = \frac{-K_{2,2}(K_{1,4} + K_{4,3})}{\left[K_{2,3} K_{3,3}(-K_{4,1} - K_{1,2}) - (K_{1,4} + K_{4,3})\right] \cdot \left[K_{3,2} K_{2,2} + (K_{4,2} + K_{1,3})(-K_{4,1} - K_{1,2})\right]};
$$

$$
N_3 = \frac{K_{2,3} K_{2,2}}{\left[K_{2,3} K_{3,3}(-K_{4,1} - K_{1,2}) - (K_{1,4} + K_{4,3})\right] \cdot \left[K_{3,2} K_{2,2} + (K_{4,2} + K_{1,3})(-K_{4,1} - K_{1,2})\right]} 。
$$

三层过盈联接的力学模型在传递额定转矩时，圆筒 S_1 与 S_2 结合面所需的最小接触压力[10]

$$
p_{1,\min} = \frac{2M}{\pi \mu_1 d_1^2 l_1} = \frac{A}{\mu_1}
\tag{3.4}
$$

式中，$A = \dfrac{2M}{\pi d_1^2 l_1}$；$M$ 为模型传递的额定转矩；d_1 为圆筒 S_1 与 S_2 结合面直径；l_1 为

圆筒 S_1 与 S_2 的配合长度；μ_1 为圆筒 S_1 与 S_2 间的摩擦系数。

保证被包容件圆筒 S_1 不产生塑性变形，圆筒 S_1 与 S_2 所允许的最大接触压力

$$p_{1,\max 1} = \frac{1-q_a^2}{2} \cdot \sigma_{S1} = B \cdot \sigma_{S1} \tag{3.5}$$

式中，$B = \dfrac{1-q_a^2}{2}$；$q_a = d_{1,1}/d_1$；σ_{S1} 为圆筒 S_1 材料的屈服强度。

把该模型的圆筒 S_2、S_3 和 S_4 看作一体，圆筒 S_2 不产生塑性变形所允许的圆筒 S_1 与 S_2 的最大接触压力

$$p_{1,\max 2} = \frac{1-q_b^2}{\sqrt{3+q_b^2}} \cdot \sigma_{S2} = D \cdot \sigma_{S2} \tag{3.6}$$

式中，$D = \dfrac{1-q_b^2}{\sqrt{3+q_b^2}}$；$q_b = d_1/d_{2,4}$；$\sigma_{S2}$ 为圆筒 S_2 材料的屈服强度。

保证该模型正常工作需要满足的条件为

$$\begin{cases} p_{1,\min} < p_{1,d} \\ p_{1,d} < p_{1,\max 1} \\ p_{1,d} < p_{1,\max 2} \end{cases} \tag{3.7}$$

2. 可靠度模型

根据过盈联接的经典设计方法[11]，确定基本随机变量 X 分别为：圆筒 S_1 与 S_2 的摩擦系数 μ_1、圆筒 S_1 与 S_2 的装配间隙 Δ_1、圆筒 S_2 与 S_3 的装配间隙 Δ_2、圆筒 S_3 与 S_4 的设计过盈量 δ_3、圆筒 S_1 的屈服强度 σ_{S1}、圆筒 S_2 的屈服强度 σ_{S2}，即 $X = \left[\mu_1, \Delta_1, \Delta_2, \delta_3, \sigma_{S1}, \sigma_{S2}\right]^{\mathrm{T}}$。同时假定所有随机变量均服从正态分布，并且假定各个随机变量之间相互独立，随机变量的均值和方差根据经验公式求解[1]。

由式（3.7）可知，为确保该模型正常工作，需要满足设计的圆筒 S_1 与 S_2 的接触压力 $p_{1,d}$ 大于传递额定载荷所需要的最小接触压力 $p_{1,\min}$，并且小于不使圆筒 S_1 产生塑性变形的最大接触压力 $p_{1,\max 1}$ 和不使圆筒 S_2 产生塑性变形的最大接触压力 $p_{1,\max 2}$。由此可见，以上 3 个条件是该三层圆筒过盈联接模型正常工作的必要充分条件。也就是说，这 3 个条件如果有一条不满足要求，模型将不能正常工作。3 个条件是 3 个随机事件，彼此之间相对独立，3 个条件必须同时满足才能保证整体结构不发生失效[1,12]，即可以看作多失效模式的机械零件可靠性问题。

机械系统分为串联系统、并联系统和串并联混合系统。串联系统是指机械系统要正常工作，所有子系统必须全部正常工作。并联系统是指只要其中一个子系统正常工作，机械系统就能够正常工作。串并联混合系统是指机械系统中既有串联系统又有并联系统。根据三层圆筒过盈联接正常工作的充要条件，3 个条件具有

串联性质，可以把该圆筒过盈模型的可靠性看作串联的多失效模式的可靠性问题。

综上，风电锁紧盘三层圆筒过盈联接的可靠度 R 可以表示为满足传递额定载荷的可靠度 R_1、不使被包容件圆筒 S_1 产生塑性变形的可靠度 R_2 和不使包容件圆筒 S_2 产生塑性变形的可靠度 R_3 的乘积。因此，该过盈联接的可靠度模型可以表示为

$$
\begin{cases}
R(X) = \prod_{i=1}^{3} R_i(X) \\
R_1(X) = \int\limits_{g_1(X)>0} f_1(X)\,\mathrm{d}X \\
R_2(X) = \int\limits_{g_2(X)>0} f_2(X)\,\mathrm{d}X \\
R_3(X) = \int\limits_{g_3(X)>0} f_3(X)\,\mathrm{d}X
\end{cases}
\tag{3.8}
$$

式中，$g_1(X)$、$g_2(X)$ 和 $g_3(X)$ 为相应的状态函数。

要使三层圆筒过盈联接满足工作条件的要求，根据式（3.7），状态函数 $g_1(X)$、$g_2(X)$ 和 $g_3(X)$ 分别表示为

$$
\begin{cases}
g_1(X) = p_{1,d}(X) - p_{1,\min}(X) \\
g_2(X) = p_{1,\max 1}(X) - p_{1,d}(X) \\
g_3(X) = p_{1,\max 2}(X) - p_{1,d}(X)
\end{cases}
\tag{3.9}
$$

将式（3.3）～式（3.6）代入式（3.9），根据三层圆筒过盈联接力学模型，得到状态函数的表达式为

$$
\begin{cases}
g_1(X) = -A/\mu_1 + N_1 \cdot \varDelta_1 + N_2 \cdot \varDelta_2 + N_3 \cdot \delta_3 \\
g_2(X) = -N_1 \cdot \varDelta_1 - N_2 \cdot \varDelta_2 - N_3 \cdot \delta_3 + B \cdot \sigma_{S1} \\
g_3(X) = -N_1 \cdot \varDelta_1 - N_2 \cdot \varDelta_2 - N_3 \cdot \delta_3 + D \cdot \sigma_{S2}
\end{cases}
\tag{3.10}
$$

式中，状态函数 $g_1(X)$ 对应的可靠性指标为 β_1、状态函数 $g_2(X)$ 对应的可靠性指标为 β_2、状态函数 $g_3(X)$ 对应的可靠性指标为 β_3，可以表示为

$$
\begin{cases}
\beta_1 = \dfrac{\mu_{g_1}}{\sigma_{g_1}} = \dfrac{E\big[g_1(X)\big]}{\sqrt{\mathrm{Var}\big[g_1(X)\big]}} \\[2mm]
\beta_2 = \dfrac{\mu_{g_2}}{\sigma_{g_2}} = \dfrac{E\big[g_2(X)\big]}{\sqrt{\mathrm{Var}\big[g_2(X)\big]}} \\[2mm]
\beta_3 = \dfrac{\mu_{g_3}}{\sigma_{g_3}} = \dfrac{E\big[g_3(X)\big]}{\sqrt{\mathrm{Var}\big[g_3(X)\big]}}
\end{cases}
\tag{3.11}
$$

因此，风电锁紧盘三层圆筒过盈联接的可靠度可以表示为[13]

$$R = \prod_{i=1}^{3} R_i \qquad (3.12)$$

式中，$R_i = \Phi(\beta_i)$；$\Phi(\cdot)$ 为标准正态分布函数。

3.2.2 可靠性稳健设计计算

机械可靠性设计时，各随机变量对可靠性的影响不同。有的随机变量对其可靠性影响较大，有的随机变量对其可靠性影响较小。对于影响较大的随机变量，设计制造时应该严格控制；对于影响较小的随机变量，设计制造时可以放宽控制，减少成本。

机械可靠性灵敏度是在机械可靠性设计的基础上，研究可靠度对随机变量的灵敏度，得到各个随机变量对机械产品可靠性的影响程度，即敏感性。

三层圆筒过盈联接可靠度对服从正态分布的基本随机变量 $X = [\mu_1, \varDelta_1, \varDelta_2, \delta_3, \sigma_{S1}, \sigma_{S2}]^{\mathrm{T}}$ 均值的灵敏度为[1,9]

$$\begin{aligned}
\frac{\mathrm{d}R}{\mathrm{d}\overline{X}^{\mathrm{T}}} &= \frac{\partial R_1(\beta_1)}{\partial \beta_1} \frac{\partial \beta_1}{\partial \mu_{g_1}} \frac{\partial \mu_{g_1}}{\partial \overline{X}^{\mathrm{T}}} \phi(\beta_2)\phi(\beta_3) \\
&+ \frac{\partial R_2(\beta_2)}{\partial \beta_2} \frac{\partial \beta_2}{\partial \mu_{g_2}} \frac{\partial \mu_{g_2}}{\partial \overline{X}^{\mathrm{T}}} \phi(\beta_1)\phi(\beta_3) \\
&+ \frac{\partial R_3(\beta_3)}{\partial \beta_3} \frac{\partial \beta_3}{\partial \mu_{g_3}} \frac{\partial \mu_{g_3}}{\partial \overline{X}^{\mathrm{T}}} \phi(\beta_1)\phi(\beta_2)
\end{aligned} \qquad (3.13)$$

式中，$\dfrac{\partial R_i(\beta_i)}{\partial \beta_i} = \phi(\beta_i)$；$\dfrac{\partial \beta_i}{\partial \mu_{g_i}} = \dfrac{1}{\sigma_{g_i}}$；$\dfrac{\partial \mu_{g_i}}{\partial \overline{X}^{\mathrm{T}}} = \left[\dfrac{\partial \overline{g_i}}{\partial \mu_1}, \dfrac{\partial \overline{g_i}}{\partial R_1}, \dfrac{\partial \overline{g_i}}{\partial R_2}, \dfrac{\partial \overline{g_i}}{\partial \delta_3}, \dfrac{\partial \overline{g_i}}{\partial \sigma_{S1}}, \dfrac{\partial \overline{g_i}}{\partial \sigma_{S2}} \right]$；$\phi(\beta_i)$ 为标准正态分布的概率密度函数。

三层圆筒过盈联接可靠度对服从正态分布的基本随机变量 $X = [\mu_1, \varDelta_1, \varDelta_2, \delta_3, \sigma_{S1}, \sigma_{S2}]^{\mathrm{T}}$ 方差的灵敏度为[1,9]

$$\begin{aligned}
\frac{\mathrm{d}R}{\mathrm{d}\mathrm{Var}(X)} &= \frac{\partial R_1(\beta_1)}{\partial \beta_1} \frac{\partial \beta_1}{\partial \sigma_{g_1}} \frac{\partial \sigma_{g_1}}{\partial \mathrm{Var}(X)} \phi(\beta_2)\phi(\beta_3) \\
&+ \frac{\partial R_2(\beta_2)}{\partial \beta_2} \frac{\partial \beta_2}{\partial \sigma_{g_2}} \frac{\partial \sigma_{g_2}}{\partial \mathrm{Var}(X)} \phi(\beta_1)\phi(\beta_3) \\
&+ \frac{\partial R_3(\beta_3)}{\partial \beta_3} \frac{\partial \beta_3}{\partial \sigma_{g_3}} \frac{\partial \sigma_{g_3}}{\partial \mathrm{Var}(X)} \phi(\beta_1)\phi(\beta_2)
\end{aligned} \qquad (3.14)$$

式中，$\dfrac{\partial \beta_i}{\partial \sigma_{g_i}} = -\dfrac{\mu_{g_i}}{\sigma_{g_i}^2}$；$\dfrac{\partial \sigma_{g_i}}{\partial \mathrm{Var}(X)} = \dfrac{1}{2\sigma_{g_i}} \left[\dfrac{\partial \overline{g_i}}{\partial X} \otimes \dfrac{\partial \overline{g_i}}{\partial X} \right]$。

为了使多层圆筒过盈联接的运行对随机变量的变化不敏感，需要对多层圆筒过盈联接模型进行可靠性稳健优化设计。其基本思想是：当随机变量发生微小变动时，仍然能够保证产品的可靠性，即产品的可靠性对随机变量的变化不会太敏感。多层圆筒过盈联接的可靠性稳健设计是在研究多层圆筒过盈联接可靠度及可靠性灵敏度的基础上，通过优化设计方法达到稳健设计的目的。

稳健设计最主要的目的是使产品的可靠性不会对随机变量的变化太敏感，由于灵敏度可能为负值，目标函数要保证可靠度对各个随机变量的灵敏度的平方和开方最小。首先建立目标函数，再对圆筒过盈联接的可靠度及随机变量进行约束。例如，要保证三层圆筒过盈联接模型满足工作所要求的最小可靠度，三层圆筒过盈联接可靠性稳健设计数学模型[13]可以表示如下：

$$
\begin{cases}
\min\ f(X) = \sqrt{\sum_{i=1}^{6}\left(\dfrac{\partial R}{\partial X_i}\right)^2} \\
\text{s.t.}\quad R(X) - R_0 > 0 \\
\qquad\ q(X) \geqslant 0
\end{cases}
\tag{3.15}
$$

式中，$f(X)$ 定义为稳健反指数，即目标函数，等于圆筒过盈联接可靠度对各个随机变量的灵敏度平方和再开方，稳健反指数越大，过盈联接越不稳健；$R(X)$ 表示设计可靠度；R_0 表示三层圆筒过盈联接满足的最小可靠度；$q(X)$ 表示随机变量满足的其他条件。

3.2.3　可靠性稳健设计算例

风电锁紧盘是典型的多层圆筒过盈联接结构，本节以某型号风电锁紧盘作为算例，其基本尺寸如表 3.2 所示[11]。

表 3.2　某型号风电锁紧盘基本尺寸

参数	数值
主轴内径 $d_{1,1}$/mm	60
主轴外径 $d_{2,1}$/mm	520
轴套外径 $d_{2,2}$/mm	640
内环长圆锥面平均直径 $d_{2,3}$/mm	663.006
外环外径 $d_{2,4}$/mm	1020
主轴与轴套配合长度 l_1/mm	280.5
主轴与轴套传递转矩 M/kN·m	2800
主轴、内环和外环弹性模量/GPa	210
轴套弹性模量/GPa	180
泊松比	0.3

基本随机变量 X 包括主轴与轴套摩擦系数 μ_1、主轴与轴套装配间隙 Δ_1、轴套与内环装配间隙 Δ_2、主轴的屈服强度 σ_{S1}、轴套的屈服强度 σ_{S2}，其均值及标

准差由经验公式给出[1]，具体数值如表 3.3 所示。在基本随机变量中，内环与外环长圆锥面过盈量 δ_3 为设计变量，其均值由设计给出，标准差为 0.021mm。

表 3.3　随机变量均值及标准差

随机变量	均值	标准差
μ_1	0.15	0.02
Δ_1 /mm	0.079	0.019
Δ_2 /mm	0.16	0.027
σ_{S1} /MPa	930	35.7
σ_{S2} /MPa	835	30.03

1. 随机变量均值变化对可靠度的影响

内环与外环长圆锥面过盈量 δ_3 为设计变量。图 3.4 描述了过盈量 δ_3 均值变化对风电锁紧盘可靠度的影响。为了研究其他随机变量均值变化对风电锁紧盘可靠度的影响，设定风电锁紧盘内环与外环长圆锥面过盈量的均值为传统设计值 2.365mm，标准差为 0.021mm，考察其他随机变量均值变化对风电锁紧盘可靠度的影响。

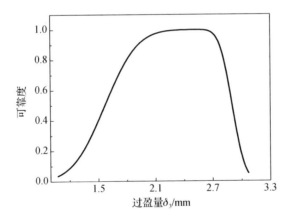

图 3.4　过盈量均值变化对风电锁紧盘可靠度的影响

由图 3.4 可知，风电锁紧盘可靠度随着内环与外环长圆锥面过盈量的增大，先增加然后保持不变，最后减小。当 $1.0\text{mm} \leqslant \delta_3 < 2.1\text{mm}$ 时，风电锁紧盘可靠度随着过盈量的增加而增加，增速逐渐减缓；当 $2.1\text{mm} \leqslant \delta_3 < 2.7\text{mm}$ 时，风电锁紧盘可靠度基本保持不变；当 $2.7\text{mm} \leqslant \delta_3 \leqslant 3.0\text{mm}$ 时，风电锁紧盘可靠度随着过盈量的增大，迅速减少。这些趋势主要是因为过盈量太小不能传递额定转矩，过盈量太大会使材料发生强度破坏。

风电锁紧盘的设计过程中，对配合面的摩擦系数有着非常严格的假设，系数选值过低会导致外环推进行程不够，选值过高会使螺栓扭紧力矩的计算值大于实际值，引起螺栓塑性变形[14,15]。图 3.5 以锁紧盘设计中常用的摩擦系数为研究对象，给出了摩擦系数的均值变化对风电锁紧盘可靠度的影响。当 $0.05 \leqslant \mu_1 < 0.15$ 时，可靠度随着摩擦系数的增加而增加，最后趋于 1.0，说明在此区间，摩擦系数均值的递增使主轴与轴套间摩擦力不断增加，提高了锁紧盘传递转矩的能力，从而增大了其可靠度；当 $0.15 \leqslant \mu_1 \leqslant 0.20$ 时，可靠度基本保持不变，说明在此区间，摩擦系数的增加不再影响锁紧盘的可靠度。

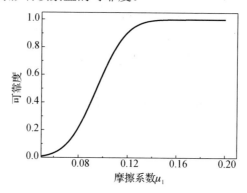

图 3.5　摩擦系数均值变化对风电锁紧盘可靠度的影响

　　风电锁紧盘的主轴与轴套、轴套与内环在设计过程中均选用相应的配合制，用以保证各部件在初始装配阶段为间隙配合，装配过程中消除间隙，形成过盈配合。图 3.6 描述了主轴与轴套装配间隙 Δ_1 和轴套与内环装配间隙 Δ_2 的均值变化对风电锁紧盘可靠度的影响。当装配间隙均值为 0.05～0.30mm 时，可靠度随着主轴与轴套装配间隙 Δ_1 和轴套与内环装配间隙 Δ_2 的增加而减小，且装配间隙 Δ_1 对可靠度的影响程度大于 Δ_2，说明锁紧盘在设计和装配过程尽可能降低装配间隙可以提升其传递转矩的能力[16]，从而有效保证产品的可靠性运作，且选取合适的装配间隙 Δ_1 对锁紧盘可靠度的提升更为明显。

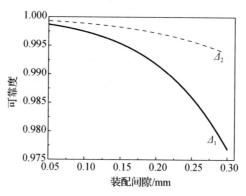

图 3.6　装配间隙均值变化对风电锁紧盘可靠度的影响

提升材料的屈服强度能够改善产品抗塑性变形的能力[17]。图 3.7 给出了屈服强度均值变化对风电锁紧盘可靠度的影响。当屈服强度均值为 600～800MPa 时，可靠度随着主轴屈服强度 σ_{S1} 和轴套屈服强度 σ_{S2} 的增加而增加，最后趋于 1.0，且轴套屈服强度 σ_{S2} 对可靠度的影响程度远大于 σ_{S1}，说明锁紧盘在材料选取和工艺设计过程中，尽可能地提高材料的屈服强度可以提升产品的可靠性；根据成本控制原则，优先提高轴套的屈服强度，可以有效改善整体的可靠性。

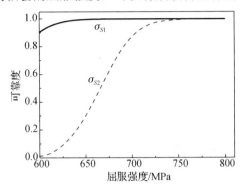

图 3.7   屈服强度均值变化对风电锁紧盘可靠度的影响

通过对设计参数的分析，可得出当摩擦系数取值为 0.15～0.20 时，摩擦系数的增加对锁紧盘可靠度基本没有影响；在设计、装配及材料选取和工艺设计过程中，尽可能地降低装配间隙、提高材料的屈服强度，可以提升产品可靠度；根据成本控制原则，选取合适的轴与轴套装配间隙、提高轴套的屈服强度，对可靠性的改善更为明显。

2. 随机变量均值变化对可靠性灵敏度的影响

内环与外环长圆锥面过盈量 δ_3 为设计目标量。图 3.8 描述了过盈量 δ_3 均值变化对风电锁紧盘可靠性灵敏度的影响。当过盈量 δ_3 的取值为 1.5～2.2mm、2.7～3.3mm 时，过盈量 δ_3 均值的变化对风电锁紧盘可靠性灵敏度均有较大影响；取值为 1.5～2.2mm 时灵敏度为正值，表明此阶段增加 δ_3 将增大锁紧盘的可靠度；取值为 2.7～3.3mm 时灵敏度为负值，表明此阶段减小 δ_3 将增加锁紧盘的可靠度。当过盈量 δ_3 均值为 2.3～2.6mm 时，δ_3 均值的变化对风电锁紧盘可靠性灵敏度的影响接近 0。以上表明，此阶段 δ_3 对风电锁紧盘可靠度基本不产生影响。根据设计灵敏度最小原则，推荐过盈量在该区间范围内取值。

为了研究摩擦系数 μ_1、装配间隙 Δ_1、装配间隙 Δ_2、主轴屈服强度 σ_{S1} 和轴套屈服强度 σ_{S2} 的均值变化对风电锁紧盘可靠度对各个随机变量灵敏度变化的影响，设定过盈量 δ_3 为已知的随机变量，风电锁紧盘内环与外环长圆锥面过盈量 δ_3 的均值为 2.3mm，标准差为 0.021mm。

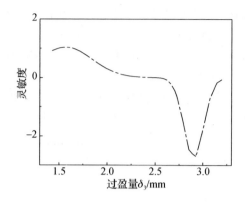

图 3.8　过盈量 δ_3 均值变化对风电锁紧盘可靠性灵敏度的影响

图 3.9 描述了常用摩擦系数 μ_1 均值变化对风电锁紧盘可靠度对各个随机变量灵敏度的影响，μ_1 均值在 0.05～0.15 范围内变化时，锁紧盘可靠度对 Δ_1、Δ_2、δ_3 的灵敏度均呈先增加后减小的趋势，σ_{S1} 和 σ_{S2} 的灵敏度基本为 0。可靠度对 μ_1 和 δ_3 的灵敏度为正值，表明此阶段这两个随机变量的增加将增大锁紧盘的可靠度；可靠度对 Δ_1 和 Δ_2 的灵敏度为负值，表明此阶段这两个随机变量的减小会增大锁紧盘的可靠度。

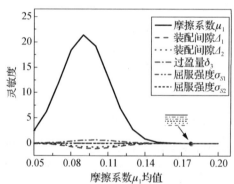

图 3.9　摩擦系数 μ_1 均值变化对风电锁紧盘可靠度对各个随机变量灵敏度的影响

分析出现上述现象的原因，由力学模型可以看出，摩擦系数 μ_1 取值较小时，增加过盈量 δ_3，减少装配间隙 Δ_1、Δ_2，有助于增加主轴和轴套间的接触压力，从而提高锁紧盘传递转矩的能力，提升其可靠度；摩擦系数 μ_1 的变化对材料参数屈服强度 σ_{S1} 和 σ_{S2} 不存在影响。μ_1 均值在 0.15～0.2 范围内变化时对风电锁紧盘可靠度各个随机变量的灵敏度大约为 0，表明在此阶段，随机变量的变化对风电锁紧盘可靠度基本不产生影响。因此，推荐摩擦系数的取值范围为 0.15～0.2。

图 3.10 和图 3.11 分别描述了主轴与轴套装配间隙 Δ_1、轴套与内环装配间隙 Δ_2 均值变化对风电锁紧盘可靠度对各个随机变量灵敏度的影响。Δ_1、Δ_2 均值在

0.05～0.3mm 范围内变化时，两者呈现相同的规律，锁紧盘可靠度对 μ_1、Δ_1、Δ_2 和 δ_3 的灵敏度不断增加，σ_{S1} 和 σ_{S2} 的灵敏度基本为 0。可靠度对 μ_1 和 δ_3 的灵敏度为正值，表明 μ_1 和 δ_3 的增加将增大锁紧盘的可靠度；可靠度对 Δ_1 和 Δ_2 的灵敏度为负值，表明这两个随机变量的减小会增大锁紧盘的可靠度。结合力学模型，以上现象主要是因为在装配间隙 Δ_1 取值增大时，增加摩擦系数 μ_1 和过盈量 δ_3，减少装配间隙 Δ_2，有利于增加主轴和轴套间的接触压力，从而提高锁紧盘的可靠度；装配间隙对材料屈服强度不产生影响。

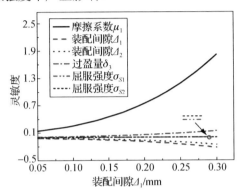

图 3.10 装配间隙 Δ_1 均值变化对风电锁紧盘可靠度对各个随机变量灵敏度的影响

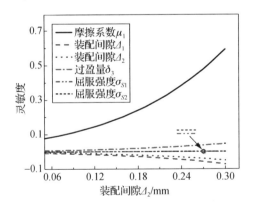

图 3.11 装配间隙 Δ_2 均值变化对风电锁紧盘可靠度对各个随机变量灵敏度的影响

分析图 3.9～图 3.11 风电锁紧盘可靠度对随机变量灵敏度绝对值的影响，可以得出，摩擦系数 μ_1 的变化对锁紧盘可靠度的影响最大，然后依次为装配间隙 Δ_1、装配间隙 Δ_2、过盈量 δ_3、屈服强度 σ_{S2} 和屈服强度 σ_{S1}，说明在锁紧盘几何参数的设计过程中，改变摩擦系数对锁紧盘可靠度的影响程度远大于其他设计参数，在设计过程中应该优先确定合适的摩擦系数 μ_1。

图 3.12 描述了主轴屈服强度 σ_{S1} 均值在 400～950MPa 范围内的变化对风电锁紧盘可靠度对各个随机变量灵敏度的影响。σ_{S1} 均值在 400～650MPa 范围内变化

时，锁紧盘可靠度对 μ_1 的灵敏度呈不断增加的趋势，Δ_1、Δ_2 和 δ_3 的灵敏度均呈先增加后减小的趋势，σ_{S1} 和 σ_{S2} 的灵敏度大约为 0，基本不变。可靠度对 μ_1、X_1 和 Δ_2 的灵敏度为正值，表明此阶段这 3 个随机变量的增加将增大锁紧盘的可靠度；可靠度对 δ_3 的灵敏度为负值，表明此阶段过盈量 δ_3 的减小会增大锁紧盘的可靠度。分析其原因主要是在主轴材料屈服强度取值较小时，通过增加摩擦系数 μ_1、装配间隙 Δ_1 和 Δ_2、降低过盈量 δ_3 的方式可以减少主轴和轴套间的接触压力，从而确保主轴材料不发生塑性破坏，提高可靠度。

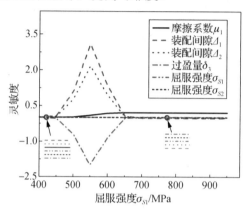

图 3.12　主轴屈服强度 σ_{S1} 均值变化对风电锁紧盘可靠度对各个随机变量灵敏度的影响

　　σ_{S1} 均值在 650～950MPa 范围内的均值变化对风电锁紧盘可靠度对各个随机变量的灵敏度的影响基本保持不变。摩擦系数 μ_1 的灵敏度大约为 0.2，其余随机变量的灵敏度基本为 0，表明在此阶段，摩擦系数 μ_1 对风电锁紧盘可靠度影响最大，增加摩擦系数将增大风电锁紧盘可靠度，其余随机变量对风电锁紧盘可靠度几乎没有影响。因此，建议主轴选型过程中尽可能选取较大摩擦系数 μ_1，推荐其材料的屈服强度为 650～950MPa。

　　图 3.13 描述了轴套屈服强度 σ_{S2} 均值在 400～950MPa 范围内的变化对风电锁紧盘可靠度各个随机变量灵敏度的影响。σ_{S2} 均值在 400～550MPa 范围内变化时，对锁紧盘可靠度对各个随机变量的灵敏度的影响几乎为 0，表明在此阶段随机变量的变化对风电锁紧盘可靠度的影响较小，推荐轴套材料屈服强度在此范围内选值。σ_{S2} 均值在 550～950MPa 范围内的变化对锁紧盘可靠度对其他随机变量灵敏度影响与 σ_{S1} 均值在 400～950MPa 范围内的变化的影响规律相同。

　　分析图 3.12 和图 3.13 风电锁紧盘可靠度对随机变量灵敏度的绝对值，可以看出，装配间隙 Δ_1 的变化对风电锁紧盘可靠度的影响最大，然后依次为装配间隙 Δ_2、过盈量 δ_3、摩擦系数 μ_1、屈服强度 σ_{S1} 和屈服强度 σ_{S2}，说明在锁紧盘材料选型过程中，应该优先考虑装配间隙 Δ_1、Δ_2 和过盈量 σ_3 对主轴与轴套结合面压力的影响。

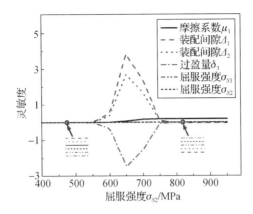

图 3.13　轴套屈服强度 σ_{S2} 均值变化对风电锁紧盘可靠度对各个随机变量灵敏度的影响

3.2.4　经典设计与可靠性稳健设计对比

在机械设计理论中，经典设计又称传统设计，是指以经验为基础，运用设计手册、数学和力学公式进行设计。用经典设计理论设计风电锁紧盘，首先应用式（3.4）求得满足主轴与轴套间的最小接触压力，再应用式（3.1）和式（3.2）得到内环和外环过盈量。同时满足式（3.5）和式（3.6）要求的主轴与轴套最大接触压力即可，详见本书第 2 章。

根据经典设计理论得到内、外环的过盈量。同时，根据本章提出的可靠性稳健设计模型，利用 MATLAB 软件的优化工具箱得到内、外环的过盈量。对两种设计理论的结果进行比较，如表 3.4 所示。

表 3.4　不同设计方法比较

设计方法	经典设计	可靠性稳健设计
过盈量 δ_3	2.365	2.548
可靠度 R	0.9982	0.9996
$dR/d\mu_1$	11.8716	0.0211
$dR/d\Delta_1$	−1.4579	0.0079
$dR/d\Delta_2$	−1.0233	0.0056
$dR/d\delta_3$	0.9383	−0.0051
$dR/d\sigma_{S1}$	3.13×10^{-51}	5.41×10^{-20}
$dR/d\sigma_{S2}$	4.09×10^{-33}	3.05×10^{-5}
目标函数 $f(X)$ 值	12.0411	0.0238

由表 3.4 可知，使用可靠性稳健设计得到的过盈量为 2.548mm，经典设计得到的过盈量为 2.365mm。从可靠度上看，可靠性稳健设计所得的风电锁紧盘可靠度为 0.9996，经典设计所得的风电锁紧盘可靠度为 0.9982，可靠性稳健设计得到的可靠度大于经典设计的可靠度，说明可靠性稳健设计方法设计的风电锁紧盘更加可靠。

从风电锁紧盘可靠度对各个随机变量的灵敏度看，除屈服强度 σ_{S1} 和屈服强度 σ_{S2} 外，可靠性稳健设计的随机变量的灵敏度均小于经典设计的灵敏度。这说明，基于可靠性稳健设计的锁紧盘受随机变量的影响更小，更加稳健。从目标函数 $f(X)$ 上看，可靠性稳健设计得到的稳健反指数为 0.0238，经典设计得到的稳健反指数为 12.0411，同样说明可靠性稳健设计方法比经典设计方法设计的风电锁紧盘更加稳健。

3.3　多层过盈联接的动态可靠性稳健设计计算

本节介绍动态可靠性稳健设计的思想，以风电锁紧盘为例，建立多层过盈联接的动态可靠性模型。根据风电锁紧盘的工况条件，风速的随机性导致载荷的随机性，材料屈服强度随着时间的推移逐渐减小。在设计中考虑时间因素对载荷和屈服强度的影响，实现多层过盈联接的动态可靠性稳健设计。

3.3.1　基本模型

由于机械零部件自身的材料性能、所处环境情况、使用时间、荷载效应的变化及其他各种因素的影响，可靠性会随使用时间的增加而逐渐减弱，该过程是一个动态的过程。所以，结构的可靠性应该考虑时间因素。机械零部件可靠性灵敏度设计是在可靠性基础上进行机械零部件的灵敏度设计，其灵敏度随时间而变化，是个动态灵敏度问题。可靠性灵敏度分析在可靠性设计、可靠性优化设计、可靠性维护等方面均有重要的应用。

机械产品稳健设计是关于产品质量和成本的一种工程设计方法，使所设计的机械产品对设计参数变化不敏感，即具有稳健性。其基本思想是当设计参数发生微小的变差时，在制造或使用中都能保证产品质量的稳健性。事实上，由于可靠性稳健设计建立在可靠性设计和可靠性灵敏度分析的基础之上，可靠性和可靠性灵敏度都与时间有关，因此可靠性稳健设计也与时间有关，是一个动态稳健设计过程[18-20]。

1. 动态载荷模型

风能特性的描述需要明确风电场所处位置的风力等级，以便确定平均风速。通过式（3.16）计算风速与风级的关系[21]：

$$\overline{V}_N(t) = 0.1 + 0.824N(t)^{1.505} \tag{3.16}$$

式中，$\overline{V}_N(t)$ 为 N 级风的平均风速；$N(t)$ 为风的级数。

根据风力机气动特性，叶轮扫风面积通过的风能[22]

$$P(t) = \frac{1}{2}\rho_s \pi R_s^2 V_N^3(t) \tag{3.17}$$

式中，ρ_S 为空气密度；R_S 为叶轮半径；$V_N(t)$ 为式（3.16）中 N 级风的平均风速。

叶轮吸收的能量

$$\begin{cases} P_{\text{wt}}(t) = C_P(\lambda,\beta)P(t) \\ \lambda = \dfrac{R_S\Omega}{V_N} \end{cases} \tag{3.18}$$

式中，$C_P(\lambda,\beta)$ 为风能利用系数；Ω 为叶轮旋转角速度。C_P 表示关于叶尖速比 λ 和桨距角 β 的函数，根据经验公式：

$$\begin{cases} C_P(\lambda,\beta) = 0.22\left(\dfrac{116}{\lambda_i} - 0.4\beta - 5\right)\mathrm{e}^{\frac{-12.5}{\lambda_i}} \\ \lambda_i = \dfrac{1}{\dfrac{1}{\lambda + 0.08\beta} - \dfrac{0.035}{\beta^3 + 1}} \end{cases} \tag{3.19}$$

可得叶轮产生的力矩

$$M(t) = \frac{P_{\text{wt}}(t)}{\Omega} = \frac{1}{2}\frac{C_P(\lambda,\beta)\rho_S\pi R_S^{\,3}V_N^2(t)}{\lambda} \tag{3.20}$$

2. 剩余强度模型

疲劳可靠性研究中通常引入剩余强度模型，已有研究表明，剩余强度模型在构件疲劳行为的动态特性描述，以及构件可靠性分析方面具有重要的实际应用价值[23]。风电锁紧盘主轴与轴套的剩余强度模型可以表示如下[24]：

$$\begin{cases} \sigma_{S1}(t) = \sigma_{S1,0} - (\sigma_{S1,0} - \sigma_{S1,n})\left(\dfrac{t}{T_{S1}}\right)^{C_{S1}} \\ \sigma_{S2}(t) = \sigma_{S2,0} - (\sigma_{S2,0} - \sigma_{S2,n})\left(\dfrac{t}{T_{S2}}\right)^{C_{S2}} \end{cases} \tag{3.21}$$

式中，$\sigma_{S1,0}$ 为主轴材料初始强度；$\sigma_{S1,n}$ 为主轴承载应力；$\sigma_{S2,0}$ 为轴套材料初始强度；$\sigma_{S2,n}$ 为轴套承载应力；t 为圆筒 S_i 的服役时间；T_{Si} 为圆筒 S_i 的循环寿命；C_{Si} 为寿命指数，不同材料、不同结构、不同承载情况取值不同。

3.3.2　动态可靠性稳健设计计算

1. 动态可靠度模型

将主轴与轴套摩擦系数 μ_1、主轴与轴套装配间隙 Δ_1、轴套与内环装配间隙 Δ_2、内环与外环长圆锥面过盈量 δ_3、主轴的屈服强度 σ_{S1} 和轴套的屈服强度 σ_{S2} 确定为基本随机变量 X，即 $X = \left[\mu_1, \Delta_1, \Delta_2, \delta_3, \sigma_{s1}, \sigma_{s2}\right]^{\mathrm{T}}$。同时，假定其服从正态分布，并且假定各个随机变量之间相互独立。

将风电锁紧盘可靠性看成串联的、多失效模式的可靠性问题。其动态可靠度 $R(t)$ 可以表示为满足传递额定载荷的可靠度 $R_1(t)$、不使主轴产生塑性变形的可靠度 $R_2(t)$ 和不使轴套产生塑性变形的可靠度 $R_3(t)$ 的乘积。因此，风电锁紧盘三层圆筒过盈联接的动态可靠度表示为

$$\begin{cases} R(X,t) = \prod_{i=1}^{3} R_i(X,t) \\ R_1(X,t) = \int\limits_{g_1(X,t)>0} f_1(X,t)\,\mathrm{d}X \\ R_2(X,t) = \int\limits_{g_2(X,t)>0} f_2(X,t)\,\mathrm{d}X \\ R_3(X,t) = \int\limits_{g_3(X,t)>0} f_3(X,t)\,\mathrm{d}X \end{cases} \tag{3.22}$$

式中，$g_1(X,t)$、$g_2(X,t)$ 和 $g_3(X,t)$ 分别为相应的状态函数。

根据风电锁紧盘满足工作条件的要求和式（3.7），状态函数 $g_1(X,t)$、$g_2(X,t)$ 和 $g_3(X,t)$ 可表示为

$$\begin{cases} g_1(X,t) = p_{1,d}(X,t) - p_{1,\min}(X,t) \\ g_2(X,t) = p_{1,\max 1}(X,t) - p_{1,d}(X,t) \\ g_3(X,t) = p_{1,\max 2}(X,t) - p_{1,d}(X,t) \end{cases} \tag{3.23}$$

根据式（3.10）、式（3.22）和式（3.23），得到

$$\begin{cases} g_1(X,t) = -A(t)/\mu_1 + B \cdot R_1 + C \cdot R_2 + D \cdot \delta_3 \\ g_2(X,t) = -B \cdot R_1 - C \cdot R_2 - D \cdot \delta_3 + E \cdot \sigma_{S1}(t) \\ g_3(X,t) = -B \cdot R_1 - C \cdot R_2 - D \cdot \delta_3 + F \cdot \sigma_{S2}(t) \end{cases} \tag{3.24}$$

式中，$A(t) = \dfrac{2M(t)}{\pi d_{1,2}^2 l_1}$。

其中，状态函数 $g_1(X,t)$ 对应的可靠性指标 $\beta_1(t)$、状态函数 $g_2(X,t)$ 对应的可靠性指标 $\beta_2(t)$、状态函数 $g_3(X,t)$ 对应的可靠性指标 $\beta_3(t)$ 可以分别表示为

$$\begin{cases} \beta_1(t) = \dfrac{\mu_{g_1(t)}}{\sigma_{g_1(t)}} = \dfrac{E[g_1(X,t)]}{\sqrt{\mathrm{Var}[g_1(X,t)]}} \\ \beta_2(t) = \dfrac{\mu_{g_2(t)}}{\sigma_{g_2(t)}} = \dfrac{E[g_2(X,t)]}{\sqrt{\mathrm{Var}[g_2(X,t)]}} \\ \beta_3(t) = \dfrac{\mu_{g_3(t)}}{\sigma_{g_3(t)}} = \dfrac{E[g_3(X,t)]}{\sqrt{\mathrm{Var}[g_3(X,t)]}} \end{cases} \tag{3.25}$$

因此，风电锁紧盘的动态可靠度 $R(t)$ 可表示为[13]

$$R(t) = \prod_{i=1}^{3} R_i(\beta_i(t)) \qquad (3.26)$$

式中，$R_i(\beta_i(t)) = \Phi(\beta_i(t))$，其中 $\Phi(\cdot)$ 为标准正态分布函数。

2. 动态可靠性灵敏度

风电锁紧盘动态可靠度对服从正态分布的基本随机变量 X 均值的灵敏度为

$$\frac{DR(t)}{D(\overline{X},t)^{\mathrm{T}}} = \frac{\partial R_1(\beta_1(t))}{\partial \beta_1(t)} \frac{\partial \beta_1(t)}{\partial \mu_{g_1}(t)} \frac{\partial \mu_{g_1}(t)}{\partial(\overline{X},t)^{\mathrm{T}}} \phi(\beta_2(t))\phi(\beta_3(t))$$

$$+ \frac{\partial R_2(\beta_2(t))}{\partial \beta_2(t)} \frac{\partial \beta_2(t)}{\partial \mu_{g_2}(t)} \frac{\partial \mu_{g_2}(t)}{\partial(\overline{X},t)^{\mathrm{T}}} \phi(\beta_1(t))\phi(\beta_3(t))$$

$$+ \frac{\partial R_3(\beta_3(t))}{\partial \beta_3(t)} \frac{\partial \beta_3(t)}{\partial \mu_{g_3}(t)} \frac{\partial \mu_{g3}(t)}{\partial(\overline{X},t)^{\mathrm{T}}} \phi(\beta_1(t))\phi(\beta_2(t)) \qquad (3.27)$$

式中，$\dfrac{\partial R_i(\beta_i(t))}{\partial \beta_i(t)} = \varphi(\beta_i(t))$；$\dfrac{\partial \beta_i(t)}{\partial \mu_{g_i}(t)} = \dfrac{1}{\sigma_{g_i}(t)}$；

$$\frac{\partial \mu_{g_i}(t)}{\partial(\overline{X},t)^{\mathrm{T}}} = \left[\frac{\partial \overline{g_i}(X,t)}{\partial \mu_1(t)} \quad \frac{\partial \overline{g_i}(X,t)}{\partial R_1(t)} \quad \frac{\partial \overline{g_i}(X,t)}{\partial R_2(t)} \quad \frac{\partial \overline{g_i}(X,t)}{\partial \delta_3(t)} \quad \frac{\partial \overline{g_i}(X,t)}{\partial \sigma_{S1}(t)} \quad \frac{\partial \overline{g_i}(X,t)}{\partial \sigma_{S2}(t)} \right]。$$

3. 动态可靠性稳健设计

为了满足风电锁紧盘在整个生命周期内的运行对随机变量的变化不敏感，需要对其进行动态可靠性稳健优化设计。3.1 节提到，可靠性稳健设计的基本思想是：当随机变量发生微小变动时，仍能够保证产品的可靠性，即产品的可靠性对随机变量的变化不会太敏感。

风电锁紧盘的可靠性稳健设计是保证可靠度对各个随机变量的灵敏度的平方和最小，这仅仅是保证某一时间或特定时间的稳健性。风电锁紧盘动态可靠性稳健设计是保证其在整个生命周期内，可靠度对各个随机变量灵敏度的平方和最小。

利用优化设计思路，首先建立保证风电锁紧盘在整个生命周期内可靠度对各个随机变量的灵敏度的平方和最小的目标函数，再根据其他要求加入约束条件，得到风电锁紧盘动态可靠性稳健设计的数学模型如下[13]：

$$\begin{cases} \min \ f(X) = \displaystyle\int_0^{T_0} \sqrt{\sum_{i=1}^{6} \left(\frac{\partial R(t)}{\partial(X_i,t)} \right)^2}\, \mathrm{d}t \\ \mathrm{s.t.} \ \ R(X,T_1) - R_0 > 0 \\ \qquad q(X,T_2) \geqslant 0 \end{cases} \qquad (3.28)$$

式中，$f(X)$ 为稳健反指数，即目标函数；T_0 为风电锁紧盘的预期运行寿命；R_0 为风电锁紧盘运行 T_1 时间仍满足的最小可靠度；$q(X,T_2)$ 为随机变量满足的其他条件。

3.3.3　动态可靠性稳健设计算例

　　与 3.2.3 节可靠性设计算例相同,动态可靠性稳健设计以该型号风电锁紧盘作为算例,其基本尺寸见表 3.2。其中,基本随机变量服从正态分布,均值与标准差见表 3.3。

　　由于仿真跨度时间较大,模拟载荷难以完全符合实际载荷,模拟剩余强度也难以完全符合实际剩余强度。因此,需要对参数做理想化的设定。在设定风级时,考虑风电锁紧盘的额定载荷[11],假设风级均值为 4.5 级,标准差为 0.1。同时,假定叶片的几何参数:叶速比为 6,桨距角为 1°,叶轮半径为 6m,材料剩余强度模型中假定指数 C_{S1} 为 3,材料的循环寿命为 30 年。

1.　Simulink 动态仿真

　　Simulink 是 MATLAB 软件的一个附加模块,能够对动态系统进行建模、仿真和综合分析。在此,应用 Simulink 软件仿真模拟风电锁紧盘的动态载荷及材料的剩余强度。风电锁紧盘载荷仿真的 Simulink 模型如图 3.14 所示,风电锁紧盘材料剩余强度仿真的 Simulink 模型如图 3.15 所示。图中模块含义如下:Clock(仿真时间);Constant(常量);Constant Beta(常数 β);Constant Lambda(常数 λ);Math Function(数学运算函数);Random Number(随机数);Gain(常数增益);Subtract(减);Porduct(乘);Divide(除);Simout(仿真输出模块);To Workspace(将数据保存到工作空间)。

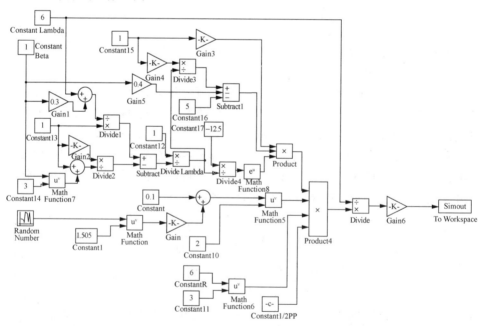

图 3.14　风电锁紧盘载荷仿真的 Simulink 模型

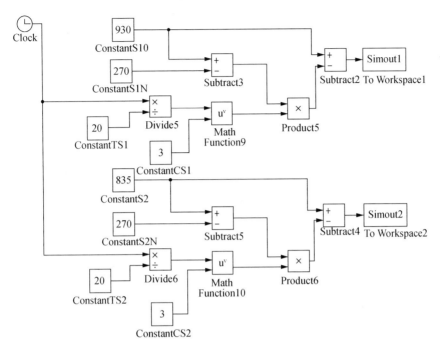

图 3.15　材料剩余强度仿真的 Simulink 模型

通过 Simulink 模型的模拟，得到风电锁紧盘动态载荷仿真结果，如图 3.16 所示。风电锁紧盘材料剩余强度 Simulink 仿真结果，如图 3.17 所示。

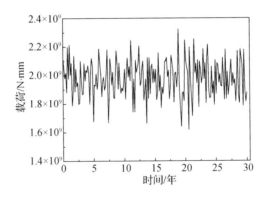

图 3.16　风电锁紧盘动态载荷 Simulink 仿真结果

由图 3.16 可知，当风力发电机受到风级为 4.5 级的随机风时，风电锁紧盘所受的载荷呈现围绕均值随机波动的特征，均值大约为 $2.0 \times 10^9 \mathrm{N} \cdot \mathrm{mm}$。由图 3.17 可知，主轴与轴套的强度随着时间的推移逐渐减小，主要原因是主轴与轴套在动态循环载荷的作用下会形成微裂纹，然后逐渐扩大，最终断裂，产生疲劳破坏。

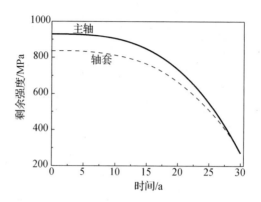

图 3.17 风电锁紧盘材料剩余强度的 Simulink 仿真结果

2. 随机变量均值变化对动态可靠度的影响

内环与外环长圆锥面过盈量 δ_3 为设计变量，首先考察过盈量 δ_3 均值变化对风电锁紧盘动态可靠度的影响。锁紧盘可靠度随时间的变化可分为 I、II 和 III 阶段，如图 3.18 所示。

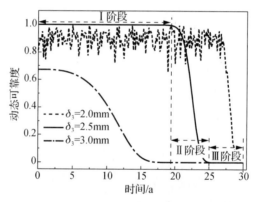

图 3.18 过盈量 δ_3 均值变化对风电锁紧盘动态可靠度的影响

I 阶段定义为可靠阶段。该时间段内，风电锁紧盘的可靠度较高且基本保持不变或在某一区间内变化，能够满足工作要求。当过盈量为 2.0mm 时，I 阶段持续时间较长，但是可靠性呈随机波动状态，主要是因过盈量较小，导致主轴与轴套之间摩擦力较小。因此，可靠度极易受到随机变动载荷的影响。当过盈量为 2.5mm 时，I 阶段持续时间相对较长，该阶段内风电锁紧盘的可靠度基本不变，主要是因为该过盈量使主轴与轴套之间产生的摩擦力较大，载荷的变化对风电锁紧盘的可靠度不会造成影响。当过盈量为 3.0mm 时，I 阶段持续时间较短，主要是因为该过盈量较大，导致主轴与轴套的接触压力较大，此种情况下材料屈服强度对风电锁紧盘可靠度影响较大。当屈服强度随时间变小，接触压力变小时，风电锁紧盘处于 I 阶段的时间越短。

　　II 阶段定义为可靠性衰减阶段。该时间段内，风电锁紧盘的可靠度随时间的增加迅速减小，主要是因为材料受循环载荷的影响，屈服强度一直在减小，当屈服强度减小到临界值后，屈服强度的微小变化对风电锁紧盘可靠度产生较大影响。因此，在该阶段风电锁紧盘的可靠度迅速减小。

　　III 阶段定义为完全不可靠阶段。该时间段内，风电锁紧盘的可靠度基本为 0，风电锁紧盘处于失效状态，主要是因为材料产生了疲劳破坏。由图 3.16 可以看出，过盈量越大，越早进入完全不可靠阶段。

　　设定内环与外环长圆锥面过盈量 $\delta_3 = 2.5\,\mathrm{mm}$，研究设计参数均值变化对动态可靠度的影响。图 3.19 描述了摩擦系数均值变化对风电锁紧盘动态可靠度的影响。由图 3.19 可知，摩擦系数均值变化对风电锁紧盘可靠度的影响在 I 阶段最大，II 阶段次之，III 阶段几乎没有影响。

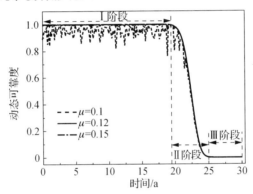

图 3.19　摩擦系数均值变化对风电锁紧盘动态可靠度的影响

　　在 I 阶段，随着摩擦系数的增加，风电锁紧盘可靠度增加并且更加稳定。当摩擦系数为 0.1 时，风电锁紧盘可靠度在 0.95 左右呈现随机波动，并且波动幅度较大；当摩擦系数为 0.12 时，波动幅度减弱；当摩擦系数为 0.15 时，风电锁紧盘可靠度基本保持不变。主要原因是主轴与轴套之间摩擦力较小，导致可靠度极易受到随机变动的载荷影响。在 II 阶段，3 条线基本重合，意味着在该时间段内摩擦系数对风电锁紧盘可靠度影响较小，但当摩擦系数为 0.1 时，风电锁紧盘在该阶段初期呈现一定的波动性。在 III 阶段，3 条线几乎重合，说明摩擦系数并不影响 II 阶段到 III 阶段的拐点。出现该现象的主要原因是摩擦系数仅仅影响主轴与轴套间的摩擦力，对材料的强度不产生影响[25]。

　　图 3.20 给出了主轴与轴套装配间隙 Δ_1 均值变化对风电锁紧盘动态可靠度的影响。在 II 阶段最大，I 阶段和 III 阶段几乎没有影响。在 I 阶段，3 条曲线接近重合，该阶段装配间隙 Δ_1 对风电锁紧盘的可靠性几乎没有影响，说明装配间隙 Δ_1

对材料屈服强度不产生作用。在Ⅱ阶段，3 条曲线分离并且呈现一定规律，装配间隙 $\varDelta_1$ 越小曲线越靠近左侧。也就是说，装配间隙 $\varDelta_1$ 越小，从Ⅰ阶段到Ⅱ阶段和从Ⅱ阶段到Ⅲ阶段的拐点出现的时间越早。这主要是因为装配间隙 $\varDelta_1$ 越小，主轴与轴套的接触压力越大，越容易导致锁紧盘产生屈服破坏引起失效。在Ⅲ阶段，装配间隙 $\varDelta_1$ 越小，越早到达此阶段的拐点，随后，风电锁紧盘可靠度几乎为 0，不再受到装配间隙 $\varDelta_1$ 的影响。

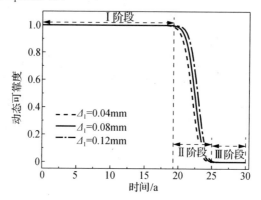

图 3.20　主轴与轴套装配间隙 $\varDelta_1$ 均值变化对风电锁紧盘动态可靠度的影响

图 3.21 显示轴套与内环装配间隙 $\varDelta_2$ 均值变化对风电锁紧盘可靠度的影响，与装配间隙 $\varDelta_1$ 呈现相同的规律。

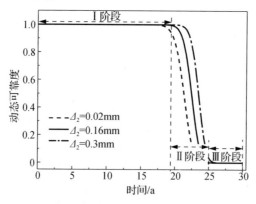

图 3.21　轴套与内环装配间隙 $\varDelta_2$ 均值变化对风电锁紧盘动态可靠度的影响

由图 3.22 可知，主轴屈服强度 σ_{S1} 均值变化对风电锁紧盘动态可靠度的影响较小。在Ⅰ阶段和Ⅲ阶段屈服强度 σ_{S1} 均值变化对可靠度几乎没有影响。在Ⅱ阶段，当屈服强度 σ_{S1} 为 730MPa 时，相比其他两种情况，锁紧盘可靠度衰减得更快，更容易导致失效产生。

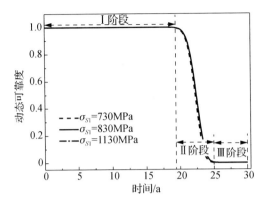

图 3.22　主轴屈服强度 σ_{S1} 均值变化对风电锁紧盘动态可靠度的影响

由图 3.23 可知，轴套屈服强度 σ_{S2} 均值变化对风电锁紧盘动态可靠度的影响较大。在 I 阶段，屈服强度 σ_{S2} 越小，此阶段持续的时间越短，从 I 阶段到 II 阶段拐点产生的时间越早。在 II 阶段，屈服强度 σ_{S2} 越小，曲线越平缓，持续时间越长，但从 II 阶段到 III 阶段拐点产生的时间越早。由此可见，屈服强度 σ_{S2} 越小，越早失去可靠性。

综合图 3.22 和图 3.23，在成本控制原则下，优先提升屈服强度 σ_{S2}，更有助于提高锁紧盘的使用寿命。

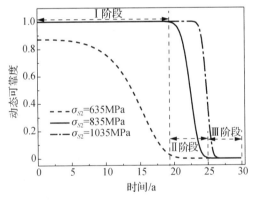

图 3.23　轴套屈服强度 σ_{S2} 均值变化对风电锁紧盘动态可靠度的影响

3. 动态可靠性灵敏度分析

由以上分析可知，风电锁紧盘可靠度随着时间的变化分为 3 个阶段。同时，锁紧盘可靠度对各个随机变量的灵敏度随着时间推移会产生相应的变化。为了研究锁紧盘可靠度与锁紧盘可靠度对各个随机变量灵敏度的关联性，从总体时间上对该 3 个阶段中锁紧盘可靠度和可靠度对各个随机变量的灵敏度的变化进行分析，如图 3.24 所示。

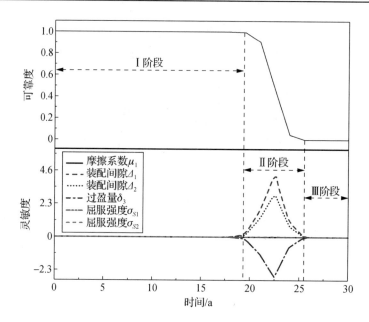

图 3.24　风电锁紧盘动态可靠度对各随机变量的灵敏度

由图 3.24 可知，风电锁紧盘动态可靠度对各随机变量灵敏度随时间的变化与可靠度的变化具有一定关联。当风电锁紧盘动态可靠度位于 I 阶段和III阶段时，风电锁紧盘动态可靠度对各随机变量的灵敏度接近 0。当风电锁紧盘可靠度随时间的变化位于 II 阶段时，风电锁紧盘动态可靠度对各随机变量的灵敏度变化较大。其中，可靠度对装配间隙 Δ_1 和 Δ_2 的灵敏度先增大后减小并且为正，可靠度对主轴与轴套装配间隙 Δ_1 的灵敏度大于可靠度对轴套与内环装配间隙 Δ_2 的灵敏度；可靠度对过盈量 δ_3 的灵敏度亦先增大后减小并且为负；可靠度对其他随机变量的灵敏度接近于 0，变化较小。说明随机变量对处于衰减阶段的风电锁紧盘有较大影响，增加装配间隙、减少过盈量有助于增加锁紧盘的可靠性，延缓失效。

由于在 II 阶段风电锁紧盘可靠度对随机变量的灵敏度较大，会影响 I 阶段和III阶段可靠度对随机变量灵敏度的观察，因此，对 I 阶段、II 阶段和III阶段锁紧盘可靠度对随机变量的灵敏度均进行独立分析。图 3.25～图 3.27 分别描述了风电锁紧盘动态可靠度对各随机变量的灵敏度在 I 阶段、II 阶段、III阶段随时间的变化。

由图 3.25 可知，在风电锁紧盘处于可靠阶段时，风电锁紧盘动态可靠度对摩擦系数的灵敏度变化规律不明显，呈先减小后增加再减小，然后又增加接着继续较小，最后小幅度增加的趋势，这主要与载荷的随机变化有关。摩擦系数直接影响主轴与轴套间的摩擦力，如果载荷变大，摩擦系数稍微变大就会增大摩擦力，摩擦力增大会增加风电锁紧盘的可靠度。

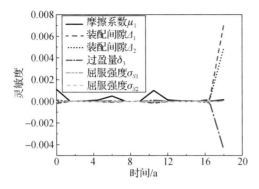

图 3.25　Ⅰ阶段动态可靠度对各随机变量的灵敏度

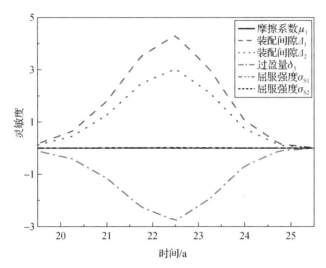

图 3.26　Ⅱ阶段动态可靠度对各随机变量的灵敏度

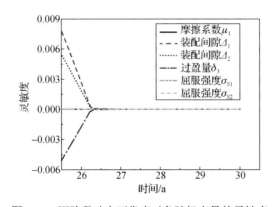

图 3.27　Ⅲ阶段动态可靠度对各随机变量的灵敏度

风电锁紧盘可靠度对装配间隙 Δ_1 的灵敏度在 $0\sim16$ 年期间呈现小幅波动，在最后小段时间内大幅上涨；风电锁紧盘可靠度对装配间隙 Δ_2 的灵敏度在 $0\sim16$ 年期间基本保持不变，在最后小段时间内也大幅上涨；风电锁紧盘可靠度对过盈量的灵敏度前段时间基本保持不变，在最后小段时间内也大幅上涨；装配间隙和过盈量的灵敏度变化，主要原因是锁紧盘减少装配间隙、增大过盈量时会导致结合面压力增加，进而影响锁紧盘的可靠度。风电锁紧盘动态可靠度对主轴屈服强度 σ_{S1} 和轴套屈服强度 σ_{S2} 的灵敏度在整个时间段内基本保持不变，说明屈服强度在 I 阶段可靠阶段内对锁紧盘可靠性不会产生影响。

由图 3.26 可知，风电锁紧盘处于 II 阶段衰减阶段时，锁紧盘动态可靠度对摩擦系数、主轴屈服强度 σ_{S1} 和轴套屈服强度 σ_{S2} 的灵敏度几乎为 0，表明在该阶段摩擦系数、屈服强度 σ_{S1} 和 σ_{S2} 对锁紧盘可靠性几乎没有影响。风电锁紧盘可靠度对主轴与轴套装配间隙 $\varDelta_1$ 和轴套与内环装配间隙 $\varDelta_2$ 的灵敏度均随时间的增加先增加后减小，最后基本接近 0 并且为正值，说明在该阶段增加装配间隙 $\varDelta_1$ 和装配间隙 $\varDelta_2$ 将增大锁紧盘的可靠度。锁紧盘动态可靠度对过盈量的灵敏度随着时间的增加先增加后减小，最后接近 0 并且为负值，表明在该阶段过盈量减小能够增加锁紧盘的可靠度。从锁紧盘动态可靠度对随机变量灵敏度的绝对值分析可知，该阶段，影响锁紧盘可靠度的因素依次为装配间隙 $\varDelta_1$ >装配间隙 $\varDelta_2$ >过盈量 δ_3 >摩擦系数 μ_1 >屈服强度 σ_{S1} >屈服强度 σ_{S2} 。

由图 3.27 可知，在风电锁紧盘完全不可靠阶段初期，风电锁紧盘动态可靠度对装配间隙 $\varDelta_1$ 和装配间隙 $\varDelta_2$ 的灵敏度均随着时间的增加而减小。同时，锁紧盘动态可靠度对装配间隙 $\varDelta_1$ 的灵敏度大于对装配间隙 $\varDelta_2$ 的灵敏度，并且两者均为正值，表明此时装配间隙 $\varDelta_1$ 的变化对锁紧盘可靠度的影响大于装配间隙 $\varDelta_2$ 的变化对锁紧盘可靠度的影响，此时增加装配间隙能增大锁紧盘的可靠度。锁紧盘动态可靠度对过盈量的灵敏度随着时间的增加而减小，并且为负值，表明此时减小过盈量能增大风电锁紧盘的可靠度。在风电锁紧盘完全不可靠阶段的后期，锁紧盘可靠度对所有随机变量的灵敏度基本为 0，表明所有随机变量的变化均不会影响锁紧盘的可靠度，主要是因为锁紧盘在此阶段已经完全失效。

4. 动态可靠性稳健设计结果

在整个时间周期内，以风电锁紧盘可靠度对各随机变量灵敏度的绝对值最小为优化目标，同时以 20 年内风电锁紧盘可靠度大于 0.9 为约束条件，利用 MATLAB 优化工具箱中的 fmincon 函数对风电锁紧盘进行动态可靠性稳健设计。经过求解，可以得到风电锁紧盘内环与外环最优的过盈量为 2.5mm，目标函数值为 88.9。

3.4　蒙特卡罗仿真

3.4.1　蒙特卡罗法原理

假设存在随机变量 X，其观测值为 $X_1, X_2, \cdots, X_N$，则随机变量 X 的均值为

$$\overline{X} = \frac{1}{N} \sum_{i=1}^{N} X_i \qquad (3.29)$$

如果随机变量 X 的观测值独立同分布，并且具有有限期望值，由大数定律可得

$$P\left[\lim_{N \to \infty} \overline{X}_N = E(X) \right] = 1 \qquad (3.30)$$

即当 N 足够大时，随机变量 X 均值收敛于其期望。

蒙特卡罗法的基本思想是把均值等效为期望，把频率等效为概率。求解某个问题时，某个随机变量的期望或者某个事件的概率，通过某种"试验"得到这个随机变量的均值或者这个事件发生的频率，把这个随机变量的均值作为此随机变量的期望，把这个事件发生的频率作为此事件的概率[26]。

通过中心极限定理可以得到蒙特卡罗法的所得值与实际值之间的误差。如果随机变量 X 观测值独立同分布，且其方差非零、有限，即

$$0 < \sigma^2 = \int \left(x - E(x) \right)^2 f(x) \mathrm{d}x < \infty \qquad (3.31)$$

式中，$f(x)$ 为 X 的分布密度函数。

当观测样本空间 N 足够大时，随机变量 X 的观测值 $X_1, X_2, \cdots, X_N$，有如下近似式：

$$P\left[\left| \overline{X}_N - E(x) \right| < \frac{\lambda_\alpha \sigma}{\sqrt{N}} \right] \approx \frac{2}{\sqrt{2\pi}} \int_0^{\lambda_\alpha} \mathrm{e}^{-t^2/2} \mathrm{d}t = 1 - \alpha \qquad (3.32)$$

式中，α 为置信度；$1-\alpha$ 为置信水平。

根据式（3.32），得到如下不等式：

$$\left| \overline{X}_N - E(x) \right| < \frac{\lambda_\alpha \sigma}{\sqrt{N}} \qquad (3.33)$$

不等式（3.33）成立的概率近似为 $1-\alpha$，且误差收敛速度的阶为 $O(N^{-1/2})$。

蒙特卡罗法的误差通常定义为

$$\varepsilon = \frac{\lambda_\alpha \sigma}{\sqrt{N}} \qquad (3.34)$$

式中，λ_α 为与置信度 α 相对应，可以通过查表得出。

3.4.2 蒙特卡罗法数值算例

风电锁紧盘的可靠度可以看作概率的乘积，具体如下：

$$\begin{aligned} R(X) = &P_1\left(p_{1,\min}(X) < p_{1,d}(X) < p_{1,\max 1}(X) \right) \\ &\times P_2\left(p_{1,\min}(X) < p_{1,d}(X) < p_{1,\max 2}(X) \right) \end{aligned} \qquad (3.35)$$

随机变量序列 $X_1, X_2, \cdots, X_i, \cdots, X_N$ 中，随机变量 X_i 符合如下不等式：

$$\begin{cases} p_{1,\min}(X_i) < p_{1,d}(X_i) < p_{1,\max 1}(X_i) \\ p_{1,\min}(X_i) < p_{1,d}(X_i) < p_{1,\max 2}(X_i) \end{cases} \qquad (3.36)$$

将所有符合上述不等式的随机变量个数记为 M，风电锁紧盘的可靠度 R_{MCS} 表示如下：

$$R_{\text{MCS}} = \frac{M}{N} \qquad (3.37)$$

根据风电锁紧盘的力学模型及式（3.35）～式（3.37），得到风电锁紧盘可靠度的蒙特卡罗法计算框图，如图 3.28 所示。

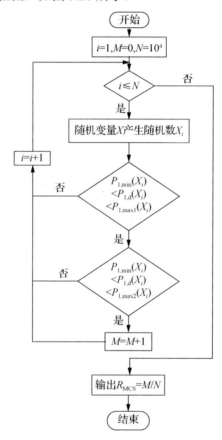

图 3.28　风电锁紧盘可靠度蒙特卡罗法计算框图

当风电锁紧盘内、外环过盈量为 2.1mm 时，用蒙特卡罗法模拟 10^4 次，$R*$ 代表可靠性稳健设计方法，R_{MCS} 代表蒙特卡罗法，其结果如图 3.29 所示。

由图 3.29 可知，利用蒙特卡罗法求解得到的风电锁紧盘可靠度随着模拟次数的增加，其结果逐渐趋向稳定。当模拟次数小于 4000 时，R_{MCS} 波动幅度较大，并且模拟次数越小，波动幅度越大。当模拟次数大于 4000 次时，R_{MCS} 逐渐趋于稳定。当模拟次数为 10^4 时，两种方法之间的误差仅为 0.44%。

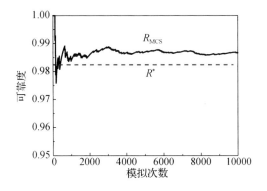

图 3.29　风电锁紧盘可靠度蒙特卡罗法计算结果

3.4.3　蒙特卡罗法与可靠性稳健设计结果对比

为了验证 3.4.2 节方法的准确性，对比 3.4.2 节方法与蒙特卡罗仿真的计算结果。图 3.30 为风电锁紧盘可靠度随内环与外环长圆锥面过盈量均值变化时，不同方法的对比。图 3.31 为风电锁紧盘动态可靠度随时间变化时，不同方法的对比。

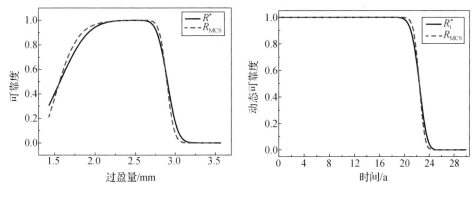

图 3.30　可靠度随过盈量变化时，　　　　　图 3.31　动态可靠度随时间变化时，
不同方法对比　　　　　　　　　　　　　不同方法对比

由图 3.30 可知，两种方法具有相同的趋势，曲线重合度较好。随着过盈量的增加，风电锁紧盘可靠度先增加，然后逐渐趋于 1.0，最后，随着过盈量的继续增加，可靠度逐渐下降直至为 0，主要是因为内环与外环长圆锥面过盈量太小不能够满足传递转矩的工作要求；过盈量太大，材料将产生塑性破坏；同时，过盈量取值范围为 2.1～2.7mm 时，两种方法重合误差最小。

由图 3.31 可知，两种方法具有相同的趋势且曲线重合度较高。从风电锁紧盘可靠度随时间变化的 3 个阶段看，I 阶段为 0～20 年，II 阶段为 20～25 年，III阶段为 25～30 年。在 I 阶段，R_t^* 和 R_{MCS} 基本重合，误差接近 0。在 II 阶段前期和后期，R_t^* 和 R_{MCS} 重合度较低，在中间阶段重合度较大。在III阶段，R_t^* 和 R_{MCS} 基本重合。

参 考 文 献

[1] 闻邦椿. 机械设计手册. 疲劳强度与可靠性设计[M]. 5版. 北京：机械工业出版社，2014.

[2] 张义民. 机械可靠性设计的内涵与递进[J]. 机械工程学报，2010，46（14）：167-188.

[3] 陈立周. 稳健设计[M]. 北京：机械工业出版社，2000.

[4] GOH T N. Taguchi methods: Some technical, cultural and pedagogical perspectives[J]. Quality & Reliability Engineering International, 1993, 9(3): 185-202.

[5] PARKINSON A. Robust mechanical design using engineering models[J]. Journal of Mechanical Design, 1995, 117(B): 48-54.

[6] SHAHRAKI A F, NOOROSSANA R. Reliability-based robust design optimization: a general methodology using genetic algorithm[J]. Computers & Industrial Engineering, 2014, 74(1): 199-207.

[7] RATHOD V, YADAV O P, RATHORE A, et al. Optimizing reliability-based robust design model using multi-objective genetic algorithm[J]. Computers & Industrial Engineering, 2013, 66(2): 301-310.

[8] 王建梅，陶德峰，黄庆学，等. 多层圆筒过盈配合的接触压力与过盈量算法研究[J]. 工程力学，2013，30（9）：270-275.

[9] 宁可，王建梅，姜宏伟，等. 多层过盈联接的可靠性稳健设计研究[J]. 机械设计，2018，35（12）：8-16.

[10] 成大先. 机械设计手册.单行本.联接与紧固[M]. 5版. 北京：化学工业出版社，2010.

[11] 王建梅，唐亮. 锁紧盘设计理论与方法[M]. 北京：冶金工业出版社，2014.

[12] 陈连. 过盈联接可靠性设计研究[J]. 中国机械工程，2005，16（1）：28-32.

[13] WANG J M, NING K, XU J L, et al. Reliability-based robust design of wind turbine's shrink disk[J]. Proceedings of the Institution of Mechanical Engineers, Part C: Journal of Mechanical Engineering Science, 2018, 232(15): 2685-2696.

[14] 康建峰，王建梅，唐亮，等. 兆瓦级风电机组锁紧联接的设计研究[J]. 工程设计学报，2014，21（5）：487-493.

[15] MASCLE C, BALAZINSKI M, MHENNI A B. Effect of roughness and interference on torque capacity of a shrink fitted[J]. International Journal of Advanced Manufacturing Systems, 2011, 13(1): 143-158.

[16] WANG J M, NING K, TANG L, et al. Modeling and finite element analysis of load‐carrying performance of a wind turbine considering the influence of assembly factors[J]. Applied Sciences, 2017, 7(3): 298-309.

[17] 刘鸿文. 材料力学[M]. 5版. 北京：高等教育出版社，2011.

[18] 王新刚，张义民，王宝艳. 机械零部件的动态可靠性灵敏度分析[J]. 机械工程学报，2010，46（10）：188-193.

[19] WANG P, WANG Z, ALMAKTOOM A T. Dynamic reliability-based robust design optimization with time-variant probabilistic constraints[J]. Engineering Optimization, 2014, 46(6): 784-809.

[20] 秦大同，周志刚，杨军，等. 随机风载作用下风力发电机齿轮传动系统动态可靠性分析[J]. 机械工程学报，2012，48（03）：1-8.

[21] 孔屹刚. 风力发电技术及 MATLAB 与 Bladed 仿真[M]. 北京：电子工业出版社，2013.

[22] 周志刚，徐芳. 考虑强度退化和失效相关性的风电齿轮传动系统动态可靠性分析[J]. 机械工程学报，2016，52（11）：80-87.

[23] 周迅，俞小莉，李迎. 稳态疲劳载荷下曲轴剩余强度模型的试验研究[J]. 机械工程学报，2006，42（4）：213-217.

[24] SCHAFF J R, DAVIDSON B D. Life prediction methodology for composite structures. Part I:constant amplitude and two-stress level fatigue[J]. Journal of Composite Materials, 1997, 31(2): 128-157.

[25] 王建梅，陶德峰，唐亮，等. 加工偏差对风电锁紧盘性能的影响分析[J]. 机械设计，2014，31（1）：59-63.

[26] 康崇禄. 蒙特卡罗方法理论和应用[M]. 北京：科学出版社，2015.

第4章　多层过盈联接多目标智能协同设计

本章论述多目标智能协同设计涉及的具体方法——试验设计方法、近似模型方法和多目标智能优化算法，提出针对多层过盈联接的多目标智能协同设计，通过对第二代非支配排序遗传算法（non-dominated sorting genetic algorithm，NSGA-Ⅱ）、多目标模拟退火（multi-objective simulated annealing，MOSA）算法、多目标粒子群优化（multi-objective particle swarm optimization，MOPSO）算法的优化结果对比，确定最优的 NSGA-Ⅱ，开展多层过盈联接最外层包容件直径、过盈量、次外层包容件直径对接触压力和最大等效应力的多参数分析，实现对多层过盈联接设计理论的延伸，为产品设计、多目标优化提供理论指导。

4.1　多目标智能协同设计基础

多目标优化设计能够有效地解决产品的优化问题，该方法在诸多领域得到了国内外学者的广泛关注[1]。随着有限元技术的发展，多目标设计方法与有限元技术实现了有效融合，发展成为一种先进的多目标优化设计技术。借助该技术，在机械领域的多目标优化一般分为两类，一类是通过有限元软件直接实现的仿真优化，另一类是借助试验设计和构建预测模型的方法，通过有限元软件和相关的优化算法实现近似模型的优化。采用直接优化方法构建的近似模型精度高但计算效率低，适用于单一结构、小尺寸的部件；采用近似模型优化方法构建的近似模型精度降低，但计算效率高，适用于复杂结构、大尺寸的部件。图 4.1 为两类优化技术的原理图。

（a）直接优化　　　　　　　　　　（b）近似模型优化

图 4.1　两类优化技术原理图

多目标智能协同设计是在多目标设计的基础上，考虑设计变量之间的动态协同作用，引入智能算法得到的设计方法。该设计方法属于典型的多学科交叉性方法，在机械设计领域得到一些应用。本章实现对多层过盈联接组件的多目标优化，考虑设计变量的协同作用，提出多层过盈联接智能协同设计方法。以下从试验设计方法、近似模型方法和多目标智能优化算法 3 个方面分步阐述。

4.1.1　试验设计方法

试验设计方法最早由费希尔（Fisher）等学者提出，日本田口玄一等对其进行了改进[2]。该算法以概率论和数理统计理论为基础,在设计空间上选取合理、有效、有限样本点,使之能更好地反映设计空间的特性。

试验设计需要经过试验计划、试验过程、结果分析 3 个步骤。其中,试验计划需要确定提取变量的类型和水平,明确研究因素的主效应、交互效应,选择合理的试验设计方法,设计试验矩阵并生成样本点,确定需要的响应。试验过程主要是按照设计好的试验计划执行试验流程,该阶段通常需要较长的时间来运行样本点,获得样本结果。结果分析的主要作用是得到主效应图、交互效应图、相关性图等,为后续工作提供数据支撑。作为构建近似模型的策略,试验设计决定了样本点的空间分布和数量,如果采样点数量不足或分布不合理,再多的采样点也难以得出精度较高的近似模型。因此,工程中产生了众多的试验设计方法,常见的试验设计方法有中心组合试验设计、响应曲面设计(Box-Behnken)、拉丁超立方试验设计、哈默斯雷试验设计、正交试验设计等[3]。

1. 中心组合试验设计

中心组合试验设计方法常用于模拟响应面为二阶的情况,又称为二次回归旋转设计。中心组合试验设计扩展了设计空间,同时能够得到高阶信息,具有设计简单、试验次数少、预测性好等特点。如果产品优化时有 k 个因素,所需要的样本点数的表达式为:总样本点数量=2^k 个样本数量(全因子试验)+$2k$ 个样本点数量(星点设计)+n 个样本点数量(中心点重复试验)。中心组合试验设计原理图如图 4.2 所示。

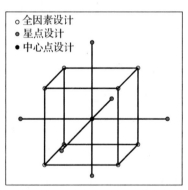

图 4.2　中心组合试验设计原理图

2. Box-Behnken 试验设计

Box-Behnken 设计是不完全三水平部分因子试验设计方法,包含一个中心点和多个正交的立方体。该方法可以在较少样本点的基础上构建高阶响应面。例如,一个三因素三水平的试验设计,如果采用中心组合试验设计需要 15 个样本点(2^3+2×3+1),采用 Box-Behnken 试验设计只需要 13 个样本点(12 条边的中点和 1

个中心点）。Box-Behnken 试验设计区域注重在边的中心和区域中心采样，因此，不适用于对角点有较高精度要求的情况。Box-Behnken 试验设计原理图如图 4.3 所示。

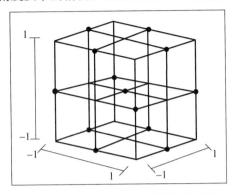

图 4.3　Box-Behnken 试验设计原理图

3. 拉丁超立方试验设计

拉丁超立方试验设计最初由麦凯（Mckay）提出，当时只适用于一维设计空间。随后科拉迈（Keramat）对其进行改进，将设计空间由一维推广到多维。拉丁超立方试验设计是一种典型的多维分层抽样方法，其原理是将样本空间重组，分成行数和列数相等的直列和横向区组。首先将设计空间分成横向区组（DV1）和直列区组（DV2），行数（DV2）和列数（DV1）相等，且等于所需要生成的样本点数，在设计空间内随机生成第一个样本点，然后，将该样本点所在的行和列去掉，再随机生成第二个样本点，以此类推直到生成所有的样本点。拉丁超立方试验设计采样效率高，能够避免重复抽样，并且边界处的样本点也能参与抽样，因此能够以较少的样本点获得较高的计算精度。但是，由于该算法机理的随机性，导致整体样本数据的分布不均匀。

4. 哈默斯雷试验设计

哈默斯雷试验设计采用伪随机数值发生器，均匀地在一个超立方体中进行抽样，在多维的超立方体中取得很好的均匀分布，因此，能够更好地反映设计空间因素和响应的关系。哈默斯雷设计采样需要对试验次数进行预估，从而得到高质量的自适应函数。与拉丁超立方设计类似，若获得一个二阶多项式，至少需要进行 $(n+1)(n+2)/2$ 次试验。只是不同于其他试验设计方法，哈默斯雷设计必须首先评估试验次数，才能得到高水平的自适应函数，在计算效率上相对较低。

5. 正交试验设计

正交试验是从所有的样本点中挑选出具有正交、均匀的样本点进行试验设计。正交试验设计方法是一种快速、高效、经济的设计方法，并具有"均匀分散，齐整可比"的特点，可以大大减少试验分析的次数，早在 19 世纪 40 年代就被普莱克特（Plackett）等应用[4]。采用正交试验设计需要对响应有重要影响的因素设置较多水平，反之设置较少水平。优化设计时，如果精度要求较高，应使用较多试验次数的正交表；如果优化时间、费用要求较高，应使用较少试验次数的正交表。在变量数目较少的情况下，正交试验设计具有更高的准确性和均匀性。

4.1.2　近似模型方法

近似模型方法最初由施米特（Schmit）等提出，通过数学模型的方法来逼近因素与响应之间的关系。不同因素任意水平组合的响应可以通过近似模型来预测，近似模型预测值与真实响应值之间的关系表达式为

$$y(x) = \tilde{y} + \varepsilon \tag{4.1}$$

式中，$y(x)$ 为真实响应值，为未知数；$\tilde{y}$ 为近似模型预测值；ε 为真实值和预测值之间的误差，通常情况下 ε 服从 $(0, \sigma^2)$ 标准正态分布。常用近似模型方法包括多项式响应面、径向基神经网络和克里金（Kriging）近似模型等。

1. 多项式响应面方法

绝大多数的非线性函数可以通过响应面方法来拟合，响应面方法已成为工程优化问题中一项重要的工具。响应面方法的变量 (x) 和响应 (y) 之间的关系可用下式表示：

$$Y = \sum_{i=1}^{N} \alpha_i \varphi_i(x) + \delta \tag{4.2}$$

式中，$\varphi_i(x)$ 为基函数；N 为基函数的相数；α_i 为系数项；δ 为误差项（包括系统误差、建模误差和随机误差）。根据基函数的不同，响应面方法分为多项式响应面、指数函数响应面、对数函数响应面和高斯函数响应面。

工程优化中，多数情况下变量和响应的关系是未知的。无论变量和响应的关系如何，多项式总能建立响应面模型[5]。构建多项式响应面近似模型时，首先要确定响应面的阶数。通常在自变量的一定范围内，响应面近似模型选取二阶、三阶多项式响应面方法，对应的响应面的表达式分别如下：

$$\tilde{y} = \beta_0 + \sum_{i=1}^{m} \beta_i x_i^2 + \sum_{i-1}^{m} \beta_{ij} x_i x_j \tag{4.3}$$

$$\tilde{y} = \beta_0 + \sum_{i=1}^{m} \beta_i x_i + \sum_{i=1}^{m} \beta_i x_i^2 + \sum_{i=1}^{m} \beta_i x_i^3 + \sum_{i-1}^{m} \beta_{ij} x_i x_j \tag{4.4}$$

其中，构建二阶响应面至少需要 $(m+1)(m+2)/2$ 个样本点，构建三阶响应面至少需要 $(m+1)(m+2)/2 + m$ 个样本点。多项式响应面阶次越高，预测值精度越高，需要的样本点越多；对连续响应面来说，搜索区域越小，预测值精度越高，当搜索区域小到一定程度时预测值精度几乎不再提高。多项式响应面方法具有模型简单、收敛速度快的特点，随着多项式响应面阶次的提高，模型的复杂程度提高，待估参数的数量呈指数规律增加，算法的稳定性不断下降。

2. 径向基神经网络方法

组成神经网络的单位是神经元，尽管每个神经元只能做简单运算，但很多神经元按照一定的组织规则连接在一起，就能处理复杂非线性问题。径向基神经网络方法由哈代（Hardy）首次提出[6]。采用径向基函数的神经网络能够很好地处理计算效率和模型精度之间的问题，具有简单灵活、较快的学习速率、多变量全局非线性函数逼近、最佳逼近点唯一性等优点[7]。

径向基函数计算过程中需要首先确定一组 n 维输入向量 $(\pmb{x}_1, \pmb{x}_2, \pmb{x}_3, \cdots, \pmb{x}_n)^{\mathrm{T}}$，通过近似响应值 $f'(\pmb{x})$ 代替 n 维输入向量的真实值 $f(\pmb{x})$。利用 $v(\pmb{x})$ 作为基函数，通过 $v(\pmb{x})$ 的线性叠加计算出近似响应值 $f'(\pmb{x})$。因此，可以把 n 维的问题转变成以欧式距离为变量的一维问题[8]。近似响应值 $f'(\pmb{x})$ 的表达式如下：

$$f'(\pmb{x}) = \sum_{i=1}^{n} \lambda_i \phi(\|\pmb{x} - \pmb{x}_i\|) \tag{4.5}$$

式中，n 为样本点数量；$\pmb{x}$ 为设计变量向量；$\pmb{x}_i$ 为第 i 个样本点处的设计变量向量；$\phi(*)$ 为基函数；$\|\pmb{x} - \pmb{x}_i\|$ 为距离基函数；λ_i 为加权系数。

3. Kriging 近似模型

Kriging 近似模型的方法最初由克里格（Krige）提出，应用于地质统计学，经过马瑟隆（Matheron）等改进发展，Kriging 方法在工程中被广泛采用，成为一种新的近似模型方法[9]。Kriging 方法从变异性和变量相关性出发，通过相关函数和局部估计的作用，是在有限的设计区域内进行最优、线性、无偏内插估计的一种方法。Kriging 近似模型由插值生成，其曲线经过所有样本点的响应值。通过采用对响应值加权插值的权值来设计近似模型，权值通过以距离为自变量的变异函数来计算。该方法适用于对高度非线性的响应值构建近似模型[10]，模型由全局模型和局部偏差两部分组成，如下式所示：

$$y(x) = f(x) + z(x) = \sum_{i=1}^{p} \beta_i f_i(x) + z(x) \tag{4.6}$$

式中，$f(x)$ 为已知的多项式；$z(x)$ 属于随机项，平均值为零，方差为 σ^2，协方差不为零；$f_i(x)$ 为回归函数；β_i 为回归系数；p 表示已知多项式的数目。

4.1.3　多目标智能优化算法

多目标优化问题又称为多准则优化问题、多性能优化或向量优化问题。在多数情况下，各个子目标可能相互冲突，一个子目标的改善有可能引起另一个子目标性能的降低。也就是说，要使多个子目标同时达到最优不太可能，只能进行协调和折中处理，使各个子目标函数尽可能达到最优[11]。以此为基础，各种多目标优化算法层出不穷。

工程中的多目标优化更为复杂，设计变量可能连续也可能离散；约束函数和目标既可能是线性、连续单峰的函数，也可能是非线性、离散多峰的函数。根据优化算法的适用范围，可将其分为局部优化算法和全局优化算法。常见的局部优化算法有梯度优化算法和直接搜索算法，该类算法的计算效率较高，但很有可能得不出全局优化解。较为典型的全局优化算法是遗传算法，该类算法能够在全局空间内搜索优化解，但相对于局部优化算法，全局优化算法求解效率较低。

遗传算法受生物学进化学说和遗传学理论启发，是一类模拟自然生物进化过程与机制求解问题的自组织与自适应的人工智能技术，是一种借鉴生物界自然选择和自然遗传机制的随机的搜索算法，最初由约翰·荷兰（John Holland）提出，在此基础上发展产生了多目标遗传算法。Coello 根据精英个体是否被引入种群，将多目标遗传算法分为两代[12]。第一代多目标遗传算法主要有非支配排序遗传算法（NSGA）、多目标遗传算法（multi-objective genetic algorithm，MOGA）、小生境帕累托（Pareto）遗传算法（niche Pareto genetic algorithm，NPGA）。第二代多目标遗传算法主要有强度 Pareto 遗传算法（strength Pareto genetic algorithm，SPEA）、NSGA-II、Pareto 存档遗传策略（Pareto archives evolutionary strategy，PAES）等。

除遗传算法外，在蚁群算法、免疫算法、模拟退火算法、禁忌搜索算法等基础上，分别产生了各自的多目标算法[1]。本章选取效率高、收敛性好、结构简单的 NSGA-II、MOSA 和 MOPSO 展开研究。

1. 第二代非支配排序遗传算法（NSGA-II）

1994 年 Srinivas 等提出了非支配排序遗传算法（NSGA）[13]。Goldberg 为提高计算效率，提出了 Pareto 优化概念[14]。在多目标优化中，Pareto 优化解必须通过降低其他优化目标的性能来实现所需提升优化目标的性能，这些解被称为非劣解。非劣解的集合被称为 Pareto 优化解集，响应的目标函数值被称为 Pareto 前沿。多目标优化的重要目标就是寻找 Pareto 优化解集和 Pareto 前沿[15]。NSGA 是基于 Pareto 概念而进行的迭代[16]，NSGA-II 是在 NSGA 的基础上发展而来的，2002 年由 Deb 等提出[17]。NSGA-II 对求解非线性性能目标具有更强的稳健性，并且可以快速地收敛到高质量的优化解[18]。相对于 NSGA，该算法处理约束简单高效，同时引入了精英策略、最优保留策略、快速非支配排序策略等。NSGA-II 的基本计算步骤如下：

1）产生数量为 N 的种群 P_0，按照非支配方法对种群的个体排序，对每个个体分配一个与非支配次序相等的值。经过算子选择、染色体交叉、变异操作，产生更好的下一代数量为 N 的种群 Q_0。

2）从第二代开始，父代种群和子代种群互相"竞争"，以发现更好的非支配解。

3）数量为 N 的父代种群 P_{t+1} 经过算子选择、染色体交叉、变异操作，产生数量为 N 的子代种群 Q_{t+1}。

2. 多目标模拟退火算法（MOSA）

模拟退火（simulated annealing，SA）算法是 Kirkpatrick 等于 1983 年将退火思想引入组合优化领域提出的智能算法[19]。该算法通过米特罗波利斯（Metropolis）接受准则和冷却进度表控制算法进度，求解近似最优解，基于蒙特卡罗（Monte Carlo）迭代求解策略的随机寻优算法，随着温度参数从既定的初始温度开始持续下降，参考概率的突跳特性，在空间中随机寻找目标函数的全局最优解。因 SA 独特的优化机制及其对问题信息依赖较少，通用性、灵活性较强等特点，在优化领域得到广泛应用。MOSA 算法的研究始于 1985 年[20]，Ulungu[21]等设计了完整的算法流程，并将其成功应用于多目标优化问题。常用的 MOSA 包括 SMOSA、UMOSA、PSA、WMOSA、PDMOSA、MC-MOSA 等，这些算法的区别主要是 Metropolis 接受准则和冷却进度表的不同。MOSA 的基本计算步骤如下[22]：

1）对算法的相关参数进行初始化。

2）随机产生初始解 X，计算其所有目标函数值并将其加入 Pareto 解集中。

3）给定一种随机扰动，产生 X 的邻域解 Y，计算其所有目标函数值。

4）比较新产生的邻域解 Y 与 Pareto 解集中的每个解并更新 Pareto 解集。

5）如果新邻域解 Y 进入 Pareto 解集，则用 Y 替代 X，并转到步骤 8）。

6）按照某种方法计算接受概率。

7）如果 Y 未进入 Pareto 解集，则根据接受概率决定是否接受新解；如果新解被接受，则令其为新的当前解 X；如果新解未被接受，则保留当前解。

8）每隔一定迭代次数，从 Pareto 解集中随机选择一个解，作为初始解，重新搜索。

9）采取某种降温策略，执行一次降温。

10）重复步骤 3）～9），直到达到最低温度，输出结果，算法结束。

3. 多目标粒子群算法（MOPSO）

粒子群优化（particle swarm optimization，PSO）算法是肯尼德（Kennedy）等提出的一种智能计算方法。该算法来源于飞鸟集群活动的规律性启发，利用群体智能建立的一个简化模型，通过群体中的个体对信息的共享使整个群体的运动在问题求解的空间中产生从无序到有序的演化过程，进而得到最优解。粒子依据对附近环境的适应程度定位到位置更优的区域。每个粒子以某一速度在搜索空间自由飞行，该速度依据粒子总结自身飞行经验和种群中其他粒子的飞行经验进行动态调整。粒子自身的记忆能力、彼此间共享信息和互相合作的能力使得学者们尝试通过设计多目标粒子群优化算法来解决多目标进化算法收敛慢、易陷入局部极值的问题。2004 年，Coello 等[23]在普通 PSO 算法基础上提出了 MOPSO 算法。

MOPSO 算法的具体计算步骤如下：

1）设粒子群算法中粒子本身找到的最优解为个体极值（**pBest**），整个群体所经历的最好位置为全局极值（**gBest**），粒子的速度 V_i 和位置 X_i 按照下式进行更新[24]：

$$V_i = \omega V_i + c_1 \text{rand}(\ )(\textbf{pBest}[i] - X_i) + c_2 \text{rand}(\ )(\textbf{pBest}[g] - X_i) \tag{4.7}$$

$$X_i = X_i + V_{id} \tag{4.8}$$

式中，c_1、c_2 为学习因子；rand( ) 为[0,1]的随机数；ω 为惯性权重；V_{id} 为一个速度向量，表示速度对位置的影响。

2）求解空间粒子，根据式（4.7）和式（4.8）不断调整位置和速度，代入多目标函数表达式，求解多目标问题。多目标粒子群优化算法按照下式对传统粒子群算法采用变异策略：

$$v_m = 2(r_3 - 1)\beta V_{max} \tag{4.9}$$

$$x_i^d(t) = x_i^d(t) + v_m \tag{4.10}$$

式中，v_m 是变异值；$\beta \in [0,1]$ 为变异系数；r_3 为[0,1]的随机变化值；x_i^d 表示第 i 个粒子随机选中的第 d 维。

该算法不仅可以增加目标值的多样性，而且由变异产生的优异粒子能够对其他解产生吸引，以此增强粒子全局搜索和粒子局部最优的逃逸能力，避免其出现局部最优。

4.2 多目标智能协同设计方法

为了改进传统设计方法，提高多层过盈联接装置的整体可靠性，避免设计先天缺陷（最大等效应力超过材料屈服强度）出现的屈服破坏现象，达到产品轻量化的设计要求，获得最优的结构尺寸和配合关系，本节综合考虑多层过盈联接多目标、多变量之间的协同作用，并结合设计变量对设计目标的影响程度，确定多层过盈联接设计的关键因素[25]，从设计样本的均匀性和准确性角度出发，确定通过正交试验设计[26]获得各关键因素的样本数据。考虑到人工神经网络虽然在理论上具有无限逼近能力，但网络的隐层单元数不易确定，构造较精确的神经网络近似模型需要大量样本点信息，计算效率相对较低。响应面模型构建时比较简单，计算量较小，但在遇到非线性程度较高的问题时模型的预测精度往往偏低。结合实际情况本节不采用以上两种方法。

本节选用对高维非线性问题具有较好拟合效果的 Kriging 法作为响应面近似模型预测方法，构建得到满足组件载荷要求、材料屈服强度、产品轻量化等目标的预测近似模型；之后通过对 NSGA-II、MOSA、MOPSO 算法的求解和比较，选取 NSGA-II 作为最优算法，提出针对多层过盈联接的多目标智能协同设计方法；最后，以某型号风电锁紧盘作为算例，通过有限元仿真，证明本节方法相对于传统方法在各项指标上均提升，满足多目标设计要求。

多层过盈联接的多目标智能协同设计方法的难点是多目标与多参数之间的协同问题，以及在此基础上利用智能算法所进行的动态计算问题。通过对多层过盈联接的多目标智能协同设计，一方面可以降低过盈联接组件产品质量，达到轻量化的设计目标；同时，最关键的是在设计过程中考虑到边缘应力集中问题，控制连接件材料的屈服破坏，提高产品的可靠性，延长了使用寿命。

图 4.4 所示为多层过盈联接的多目标智能协同设计方法流程图。其中，F_s 为轴向力，M 为传递转矩，K 为安全系数，d_i、μ_i、δ_i 分别为圆筒 S_i 与 S_{i+1} 的结合面直径、摩擦系数、过盈量，$\varDelta_{i-1}$ 为圆筒 S_{i-1} 与 S_i 的装配间隙，E_i、ν_i、σ_i 分别为圆筒 S_i 材料的弹性模量、泊松比、屈服强度，l_1 为多层过盈联接最内层过盈联接的配合长度。

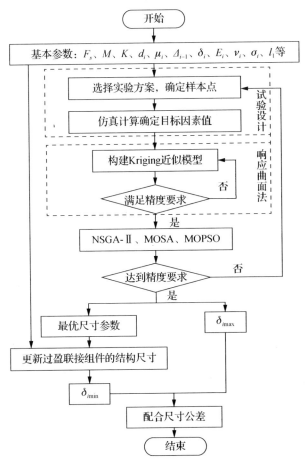

图 4.4　多层过盈联接的多目标智能协同设计方法流程图

以风电锁紧盘为例，对多层过盈联接组件实现多目标智能协同设计。首先，结合实际情况，确定本设计方法的设计目标为传递载荷要求、材料屈服强度要求和轻量化最小质量要求。图 4.5 所示为某型号风电锁紧盘的装配示意图和局部放大图。其中，d_{3min} 为内环 3 长锥面最小直径；d_4 为外环 6 直径；δ_{3max} 为螺栓 5 拧紧后内环 3 与外环 6 结合面形成的最大设计过盈量；β 为内环长锥面锥角，同 MW 级锁紧盘产品锥角的取值保持一致。之后，通过分析设计变量对设计目标的影响程度，考虑多目标、多变量的协同作用，再结合锁紧盘实际设计环节对变量的要求，确定风电锁紧盘多目标优化的尺寸参数 d_{3min}、d_4、δ_{3max} 为风电锁紧盘多目标优化的主优化参量，其他设计尺寸在以上变量的基础上可由 2.5.2 节计算得到。

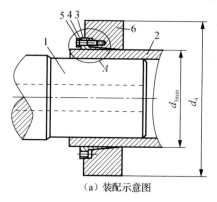
（a）装配示意图

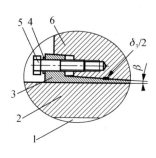
（b）局部放大图

图 4.5　某型号风电锁紧盘装配示意图

1—主轴；2—轴套；3—内环；4—垫圈；5—螺栓；6—外环

获得主优化参数和设计目标后，采用正交试验设计方法，确定主优化参数：d_{3min}、d_4、δ_{3max}；设计目标：整机最大等效接触应力 E_{max}、主轴与轴套最小接触压力 p_{1min}、整机最小质量 m_{min}（对应的结果数据如表 4.1 所示）。其中，d_{3min}、d_4 的取值范围结合该型号风电锁紧盘生产工艺得出[27]；过盈量 δ_{3max} 的取值范围在生产工艺的基础上，考虑第 3 章多层过盈联接组件的可靠性设计得出；过盈量 δ_3 的取值范围在生产工艺的基础上，考虑第 3 章多层过盈联接组件的可靠性设计得出[28]。表 4.2 为该型号风电锁紧盘其他设计参量。

表 4.1　某型号风电锁紧盘试验设计结果数据

样本点	d_4/mm	δ_{3max}/mm	d_{3min}/mm	E_{max}/MPa	p_{1min}/MPa	m_{min}/kg
1	1000	2	648	657.019	117.279	960.970
2	1000	2	652	638.443	114.912	960.970
3	1000	2	656	622.318	112.473	960.970
4	1000	2.5	648	850.578	154.505	960.970
5	1000	2.5	652	820.793	151.672	960.970
6	1000	2.5	656	802.022	148.636	960.970
7	1000	3	648	1039.589	191.921	960.970

续表

样本点	d_4/mm	δ_{3max}/mm	d_{3min}/mm	E_{max}/MPa	p_{1min}/MPa	m_{min}/kg
8	1000	3	652	1003.183	188.497	960.970
9	1000	3	656	980.801	184.872	960.970
10	1020	2	648	664.741	120.915	1026.727
11	1020	2	652	641.577	118.686	1026.727
12	1020	2	656	625.665	116.272	1026.727
13	1020	2.5	648	854.312	159.347	1026.727
14	1020	2.5	652	826.184	156.546	1026.727
15	1020	2.5	656	804.984	153.539	1026.727
16	1020	3	648	1044.206	197.857	1026.727
17	1020	3	652	1009.640	194.471	1026.727
18	1020	3	656	984.447	190.882	1026.727
19	1040	2	648	668.134	124.451	1093.787
20	1040	2	652	644.916	122.243	1093.787
21	1040	2	656	628.195	119.969	1093.787
22	1040	2.5	648	860.380	163.912	1093.787
23	1040	2.5	652	829.261	161.141	1093.787
24	1040	2.5	656	809.633	158.162	1093.787
25	1040	3	648	1045.534	203.590	1093.787
26	1040	3	652	1013.402	200.104	1093.787
27	1040	3	656	988.631	196.678	1093.787

表 4.2　某型号风电锁紧盘其他设计参量

参数	数值
主轴内径 d_0/mm	60
主轴与轴套结合面直径 d_1/mm	520
轴套与内环结合面直径 d_2/mm	640
主轴与轴套配合长度 l_1/mm	280.5
内环长锥面锥角 β/（°）	3
主轴与轴套传递转矩 M/（kN·m）	2800
主轴、内环和外环弹性模量/GPa	210
轴套弹性模量/GPa	180
泊松比 ν	0.3

之后，利用 Kriging 法构建基于设计参量和目标函数的响应面近似模型，表达式如下：

$$
\begin{aligned}
f_1(d_4, \delta_3, d_{3\min}) = {} & 107120.020847252 + 6.41733329601559d_4 \\
& + 2058.93884642293\delta_3 - 339.640804807951d_{3\min} \\
& - 0.00120555529806864d_4{}^2 - 3.52288887977713\delta_3{}^2 \\
& + 0.265246483456972d_{3\min}{}^2 + 0.0044083164034653d_4\delta_3 \\
& - 2.57224999366084\delta_3 d_{3\min} - 0.00577499855334799d_4 d_{3\min} \\
& + \varepsilon_1
\end{aligned}
\tag{4.11}
$$

$$
\begin{aligned}
f_2(d_4, \delta_3, d_{3\min}) = {} & -1781.97783999455 + 0.141323380819357d_4 \\
& + 153.558333178985\delta_3 + 5.20079626567311d_{3\min} \\
& + 0.00027958328750079d_4{}^2 + 0.256000000038716\delta_3{}^2 \\
& - 0.00445833169895155d_{3\min}{}^2 + 0.109025000049706d_4\delta_3 \\
& - 0.291874999841327\delta_3 d_{3\min} + 0.000604166876277614d_4 d_{3\min} \\
& + \varepsilon_2
\end{aligned}
\tag{4.12}
$$

$$
f_3(d_4, \delta_3, d_{3\min}) = -666.689189 + 0.00162766d_4{}^2 + \varepsilon_3 \tag{4.13}
$$

式中，$f_1(d_4, \delta_3, d_{3\min})$ 为整机最大等效应力函数；$f_2(d_4, \delta_3, d_{3\min})$ 为主轴与轴套最小接触压力函数；$f_3(d_4, \delta_3, d_{3\min})$ 为整机最小质量函数；$\varepsilon_i(i=1,2,3)$ 为残差，具有方差，非零协方差，期望为零的特点。

通过决定系数 R^2 检验 Kriging 近似模型的精度，其表达式如下：

$$
R^2 = \frac{\displaystyle\sum_{i=1}^{h}(\hat{y}_i - \overline{y})^2}{\displaystyle\sum_{i=1}^{h}(y_i - \overline{y})^2} \tag{4.14}
$$

式中，h 为用于检测模型精度的数据点数量；$\hat{y}_i$ 为第 i 个响应的近似模型的预测值；y_i 为第 i 个响应仿真分析的真实值；$\overline{y}$ 为平均值。决定系数 R^2 的取值范围是 $[0,1]$，其值越接近 1，说明近似模型可信度越高。$f_1(d_4, \delta_{3\max}, d_{3\min})$、$f_2(d_4, \delta_{3\max}, d_{3\min})$、$f_3(d_4, \delta_{3\max}, d_{3\min})$ 的相关系数分别为 0.999954、0.999999、1，说明 Kriging 模型满足精度要求。

考虑到载荷传递不足和接触应力超过材料的屈服极限是引起过盈联接失效的主要原因，引入轻量化设计，在满足转矩和不发生屈服破坏的条件下，将风电锁紧盘最小质量作为主要的评判标准。其多目标最优问题的数学表达式如下：

$$
\begin{cases}
\min\ F(x) = [-f_1(x), -f_2(x), f_3(x)] \\
\text{s.t.}\ \ E_{\max} \leqslant Q \\
\phantom{\text{s.t.}\ \ } p_{1\min} \geqslant 2MK/(\pi\mu_1 l_1 d_1) \\
\phantom{\text{s.t.}\ \ } d_{4\min} \leqslant d_4 \leqslant d_{4\max} \\
\phantom{\text{s.t.}\ \ } \delta_{3\max\min} \leqslant \delta_{3\max} \leqslant \delta_{3\max\max} \\
\phantom{\text{s.t.}\ \ } d_{3\min\min} \leqslant d_{3\min} \leqslant d_{3\min\ \max}
\end{cases}
\tag{4.15}
$$

式中，最大等效应力 E_{max} 不超过材料的屈服极限 Q；主轴与轴套最小接触压力 p_{1min} 大于等于传递最小载荷所需接触压力；d_{3min}、d_4、δ_{3max} 满足上下限要求；E_{max}、p_{1min} 尽可能大，即其相反数函数 $-f_1(x)$、$-f_2(x)$ 尽可能小，以传递更多转矩，并且实现材料性能的最大化利用，同时，$f_3(x)$ 尽可能小，以减少锁紧盘的质量，降低制造成本。以上 3 个函数的优先级满足 $f_1(x) > f_2(x) > f_3(x)$。

联立式（4.7）～式（4.13），分别采用 NSGA-II、MOSA、MOPSO 算法进行求解，获得锁紧盘在全局求解域下的最优结构尺寸和最大计算过盈量。其中，NSGA-II 设置种群数为 1000，变异率为 0.1，交叉率为 0.85；MOSA 设置玻尔兹曼（Boltzmann）系数为 1，最大内部循环数为 1000，冷却系数为 0.99；MOPSO 设置种群数为 1000，临近种群数为 2。指定本节所选型号的锁紧盘算例，利用 3 种算法各自独立重复运行 20 次，将运行结果 Pareto 解集进行汇总，如表 4.3～表 4.5 所示。

表 4.3　NSGA-II 运行结果

d_4/mm	δ_{3max}/mm	d_{3min}/mm	$-f_1(x)$/mm	$-f_2(x)$/mm	$f_3(x)$/mm	t/s
1000.000	**2.820**	**653.808**	**−927.699**	**−173.670**	**960.970**	**9.461**
1000.000	2.737	649.799	−924.591	−170.860	960.970	10.145
1000.000	2.732	649.688	−923.574	−170.573	960.970	14.213
1000.000	2.751	651.710	−915.783	−170.345	960.970	13.067
1000.000	2.740	651.351	−914.093	−169.803	960.970	17.102
1000.000	2.737	651.319	−913.337	−169.632	960.970	16.799
1000.000	2.767	654.448	−905.045	−169.270	960.970	16.321
1000.000	2.754	653.960	−902.986	−168.720	960.970	13.652
1000.000	2.734	652.936	−901.683	−168.097	960.970	13.114
1000.000	2.742	653.672	−900.187	−168.065	960.970	13.732
1000.000	2.709	651.944	−899.009	−167.103	960.970	16.827
1000.000	2.732	654.217	−893.850	−166.946	960.970	11.218
1000.000	2.725	654.317	−890.627	−166.320	960.970	18.312
1000.000	2.711	653.416	−890.492	−166.023	960.970	19.452
1000.000	2.700	653.353	−887.031	−165.304	960.970	15.429
1000.000	2.699	653.624	−884.999	−164.986	960.970	18.228
1000.000	2.646	650.762	−883.480	−163.324	960.970	17.219
1000.000	2.654	651.573	−880.939	−163.288	960.970	16.524
1000.000	2.607	649.864	−875.552	−161.141	960.970	14.218
1000.000	2.603	649.952	−873.520	−160.800	960.970	16.322

表 4.4　MOSA 运行结果

d_4/mm	δ_{3max}/mm	d_{3min}/mm	$-f_1(x)$/mm	$-f_2(x)$/mm	$f_3(x)$/mm	t/s
1000.000	2.775	655.449	−902.924	−169.030	960.970	45.329
1000.000	2.710	652.026	−898.766	−167.096	960.970	43.217
1000.000	2.7163	653.167	−893.932	−166.627	960.970	46.326
1000.000	2.728	654.202	−892.223	−166.613	960.970	42.317
1000.000	2.726	654.830	−888.464	−165.996	960.970	45.681
1000.000	2.712	654.044	−887.313	−165.578	960.970	41.918
1000.000	2.711	654.381	−885.506	−165.300	960.970	42.652
1000.000	2.704	653.676	−886.458	−165.296	960.970	43.764
1000.000	2.721	655.373	−883.832	−165.144	960.970	40.525
1000.000	2.663	651.532	−884.565	−163.992	960.970	43.652
1000.000	2.639	650.590	−882.176	−162.954	960.970	45.216
1000.000	2.636	651.435	−875.401	−162.105	960.970	42.761
1000.000	2.647	652.961	−869.943	−161.723	960.970	46.214
1000.000	2.618	651.776	−866.325	−160.471	960.970	41.968
1000.000	2.614	651.978	−863.779	−160.061	960.970	43.254
1000.000	2.632	653.759	−860.086	−160.008	960.970	41.562
1000.000	2.631	654.448	−856.121	−159.381	960.970	44.311
1000.000	2.646	655.977	−854.274	−159.201	960.970	45.326
1000.000	2.595	653.263	−849.058	−157.636	960.970	46.211
1000.000	2.607	655.013	−844.467	−157.128	960.970	49.112

表 4.5　MOPSO 运行结果

d_4/mm	δ_{3max}/mm	d_{3min}/mm	$-f_1(x)$/mm	$-f_2(x)$/mm	$f_3(x)$/mm	t/s
1000.000	2.70615	651.4214758	−901.3083818	−167.282037	960.970	16.901
1000.000	2.71163863	653.0185805	−893.1210162	−166.406039	960.970	23.081
1000.000	2.69174573	651.6674125	−894.3486705	−166.023998	960.970	18.732
1000.000	2.68637988	651.8167793	−891.3902215	−165.510171	960.970	19.621
1000.000	2.68949195	652.5264683	−888.0201498	−165.175199	960.970	22.221
1000.000	2.66844313	651.5544365	−886.5145429	−164.394014	960.970	24.325
1000.000	2.64339072	650.7004271	−883.082871	−163.20557	960.970	23.610
1000.000	2.61873359	649.2182572	−884.8323302	−162.499576	960.970	24.334
1000.000	2.64310093	652.6566475	−870.252817	−161.663569	960.970	22.628
1000.000	2.65814899	654.0712055	−867.7687483	−161.641806	960.970	20.335
1000.000	2.60995888	651.1659597	−867.5050772	−160.377190	960.970	23.654

续表

d_4/mm	δ_{3max}/mm	d_{3min}/mm	$-f_1(x)$/mm	$-f_2(x)$/mm	$f_3(x)$/mm	t/s
1000.000	2.61350775	651.6884579	−865.3900734	−160.238868	960.970	24.118
1000.000	2.60853310	651.2370256	−866.5036842	−160.217664	960.970	25.312
1000.000	2.6104978	651.6276871	−864.6713157	−160.063665	960.970	23.659
1000.000	2.62291187	652.9314535	−861.2533024	−159.966237	960.970	24.334
1000.000	2.63779549	654.8683898	−856.4022966	−159.517110	960.970	22.347
1000.000	2.61570639	653.1244215	−857.5172206	−159.286927	960.970	19.884
1000.000	2.60229225	652.2102019	−857.9917765	−159.011619	960.970	20.653
1000.000	2.55496207	649.5904034	−858.1223186	−157.481735	960.970	23.688
1000.000	2.56451057	650.5643352	−854.7328164	−157.470352	960.970	22.656

考虑到 3 种算法中 $f_3(x)$ 基本不变，分析比较 $f_1(x)$、$f_2(x)$ 的 Pareto 解集，如图 4.6 所示。根据优化目标 $-f_1(x)$、$-f_2(x)$ 尽可能小，结合表 4.3～表 4.5 的计算时间，可知 NSGA-II 相对与其他算法，在 Pareto 解优化程度和计算时间上具有明显优势，最终选用 NSGA-II 作为优化算法。

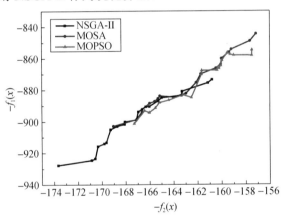

图 4.6　3 种算法 Pareto 解比较

在表 4.3 所示的 NSGA-II 运行结果中，根据优化目标 $-f_1(x)$、$-f_2(x)$ 尽可能小，取 $-f_1(x)$ 和 $-f_2(x)$ 的最小值，确定为 Pareto 解集的最优 Pareto 解，并用黑字体加深显示（见表 4.3）。之后，联立得到内环短锥面直径 d_{3min}、外环直径 d_4，代入式（2.19）和式（2.23），得出外环与内环最小过盈量 δ_{3min}，其计算式如下[29]：

$$\delta_{3min} = -K_{3,3}p_{2min} + (K_{1,4} + K_{4,3})p_{3min} \tag{4.16}$$

式中，p_{2min} 为轴套与内环结合面的最小压力，满足 $p_{2min} = \dfrac{R_1 + (K_{1,2} + K_{4,1})p_{1min}}{K_{2,2}}$，

$p_{1\min} = \dfrac{2M}{\pi\mu_1 d_1 l}$; $p_{3\min}$ 为内环与外环结合面的最小压力，满足 $p_{3\min} =$

$\dfrac{R_2 - K_{3,2}p_{1\min} + (K_{4,2} + K_{1,3})p_{2\min}}{K_{2,3}}$ ；$K_{1,2}$、$K_{1,4}$、$K_{2,2}$、$K_{2,3}$、$K_{3,2}$、$K_{3,3}$、$K_{4,2}$、$K_{4,3}$

为已知锁紧盘参数的关系表达式，具体参见 2.2.1 节。

　　通过已确定的过盈量 $\delta_{3\max}$、$\delta_{3\min}$，得到该型号风电锁紧盘多目标优化后的结构尺寸，表 4.6 为传统设计方法和本节设计方法计算结果的数据对比，其中传统设计方法可查阅《机械设计手册》[30]。

表 4.6　传统设计方法与本节设计方法的结果对比

基本参数	传统设计方法	本节设计方法
外环外径 d_4/mm	1020	1000
内环短锥面直径 $d_{3\min}$/mm	652	653.8
外环与内环最小计算过盈量 $\delta_{\min}$ /mm	1.841	1.907
外环与内环最大计算过盈量 $\delta_{\max}$ /mm	3.310	2.820

　　从表 4.6 可以看出，本节设计方法的外环尺寸 d_4 降低，由式（4.13）可知，锁紧盘产品的质量相对于传统设计方法实现减重。以最小过盈量作为输入量，代入式（2.22）得到主轴与轴套最小接触压力，联立式（2.25）证明本节设计方法相对于传统设计方法的载荷传递能力同样得到提高。选取最大过盈量作为输入量，通过有限元软件 ABAQUS 分别对上述两种方法进行结果对比。考虑到锁紧盘结构的对称性及界面问题的非线性，模型简化为二维轴对称，单元类型选定二维轴对称减缩积分单元 CAX4R，模型尺寸及材料属性结合表 4.2 和表 4.6，各部件接触表面采用罚函数（Penalty）摩擦公式，接触对定义有限滑动，外环、内环、轴套和主轴的网格尺寸分别为 4mm、2mm、4mm 和 4mm[31]，图 4.7 和图 4.8 所示分别为两种设计方法有限元模型的应力分布图。

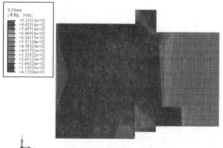

图 4.7　传统设计方法的接触应力分布图　　图 4.8　本节设计方法的接触应力分布图

　　分析图 4.8 和图 4.9 可知，基于传统设计方法得到的锁紧盘最大等效应力为 1103.646MPa，远大于材料最大屈服强度 930MPa，发生了塑性破坏；基于本节设计方法得到的最大等效应力为 915.313MPa，小于材料的屈服极限，满足设计要求。综合分析证明，基于本节设计方法的锁紧盘产品在最小质量、载荷传递、屈服强度等各项设计目标中均得到提升，达到多目标的设计要求。

4.3　多层过盈联接的多参数关系分析

　　为了实现对多层过盈联接组件的多参数分析，以风电锁紧盘为例，探究过盈联接组件最外层包容件直径（外环直径）、过盈量、次外层包容件直径（内环长锥面小端直径）等主要参数与优化目标接触压力、等效应力之间的关系，具体分析结果如下。

4.3.1　过盈联接组件最外层包容件直径对接触压力的影响

　　图 4.9～图 4.11 所示为最外层包容件直径（外环直径 d_4）和轴向接触位置对某型号风电锁紧盘各过盈层接触压力的影响，外环直径 d_4 分别取 1000mm、1020mm、1040mm 作为研究对象。从图 4.9～图 4.11 可以看出，随着外环直径的增加，各过盈层接触压力不断增大，且由最内过盈层（主轴与轴套结合面）到最外过盈层（内环与外环结合面）接触压力的改变逐级递减。选取较小外环直径，可能因为主轴与轴套接触压力的减少无法满足载荷传递要求；选取较大的外环直径，有利于增大接触压力，帮助锁紧盘传递更多载荷，但会增加产品质量，增加制造成本。因此，对最外层包容件直径开展多目标优化，不仅能满足载荷传递要求，同时还能帮助锁紧盘降低质量，实现产品轻量化的设计目标。

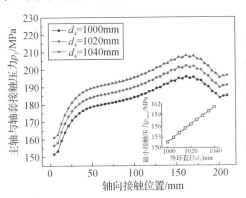

图 4.9　外环直径 d_4 和轴向接触位置对主轴与轴套接触压力 p_1 的影响

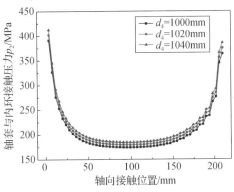

图 4.10　外环直径 d_4 和轴向接触位置对轴套与内环接触压力 p_2 的影响

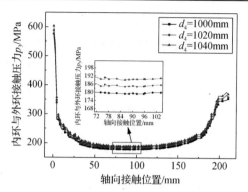

图 4.11　外环直径 d_4 和轴向接触位置对内环与外环接触压力 p_3 的影响

4.3.2　过盈联接组件过盈量对接触压力的影响

图 4.12～图 4.14 所示为过盈量和轴向接触位置对某型号风电锁紧盘各层过盈联接接触压力的影响，内环与外环过盈量 δ_3 分别取 2.0mm、2.5mm、3mm 作为研究对象。由图 4.12～图 4.14 可知，随着过盈量 δ_3 的增加，各层接触压力逐渐增大，由最内过盈层（主轴与轴套结合面）到最外过盈层（内环与外环结合面）接触压力的改变不断减少。过盈量设计过大，会造成各过盈层的接触压力过大，容易导致塑性破坏；过盈量设计过小，则无法满足转矩要求。因此，对过盈量的严格控制显得尤为必要。

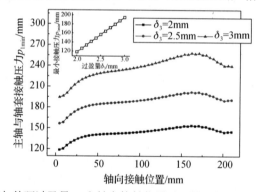

图 4.12　内环与外环过盈量 δ_3 和轴向接触位置对主轴与轴套接触压力 p_1 的影响

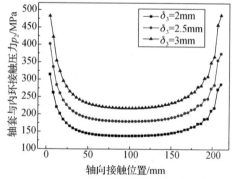

图 4.13　内环与外环过盈量 δ_3 和轴向接触位置对轴套与内环接触压力 p_2 的影响

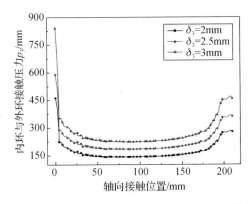

图 4.14　内环与外环过盈量 δ_3 和轴向接触位置对内环与外环接触压力 p_3 的影响

4.3.3　过盈联接次外层包容件直径对接触压力的影响

图 4.15～图 4.17 所示为次外层包容件直径（内环长锥面小端直径）和轴向接触位置对某型号风电锁紧盘各过盈层接触压力的影响，内环长锥面小径 d_{3min} 分别取 648mm、652mm、656mm 作为研究对象。从图 4.15～图 4.17 可以看出，随着内环长锥面小径的增加，各过盈层接触压力不断减少，由最内过盈层（主轴与轴套结合面）到最外过盈层（内环与外环结合面）接触压力的改变不断降低。此外，内环长锥面小径对内环与外环结合面的压力分布也存在一定影响。选取较小的内环长锥面小径有助于增大各过盈层的接触压力，帮助锁紧盘传递更多载荷，但是也会导致内环锥形面的加工难度增加，因此在内环设计过程中，要在充分考虑合适的加工工艺基础上，选取较小的长锥面小径作为设计尺寸。

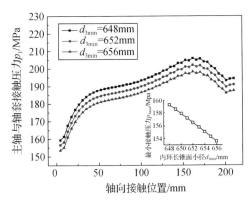

图 4.15　内环长锥面小径 d_{3min} 和轴向接触位置对主轴与轴套接触压力 p_1 的影响

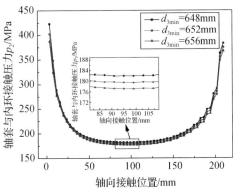

图 4.16　内环长锥面小径 d_{3min} 和轴向接触位置对轴套与内环接触压力 p_2 的影响

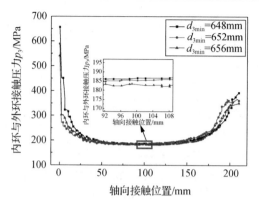

图 4.17　内环长锥面小径 d_{3min} 和轴向接触位置对内环与外环接触压力 p_3 的影响

图 4.9～图 4.17 给出了过盈联接包容件直径、过盈量对过盈联接组件接触压力的影响，进一步验证了式（2.22）和式（2.23）所展现规律的正确性。从图 4.9～图 4.17 中可以看出，在各过盈层的两端存在着较大的接触压力奇异性，且内环与外环结合面的奇异性最大，这是由过盈配合的应力集中导致的[32]。应力集中往往是引起破坏的主要因素，在设计过程中必须予以考虑。传统设计往往忽略这一影响因数[33]，本设计方法引入最大等效应力，很好地解决了这一问题。接下来，分析过盈联接组件最外层包容件直径（外环直径）、过盈量、次外层包容件直径（内环长锥面小端直径）对锁紧盘最大等效应力的影响。

4.3.4　过盈联接最外层包容件直径对最大等效应力的影响

图 4.18 为最外层包容件直径（外环直径 d_4）对某型号风电锁紧盘最大等效应力的影响，外环直径 d_4 取常用尺寸 1000～1040mm 作为研究对象。可以看出，随着外环直径的增加，最大等效应力持续增大，且增长率不断降低。选取较大的外环直径，有助于增加锁紧盘的最大等效应力，实现产品材料性能的最大化利用；同时也会增加产品质量，提高制造成本。因此，对外环直径开展多目标优化，不仅能实现材料性能利用最大化，还能实现产品质量最小化。

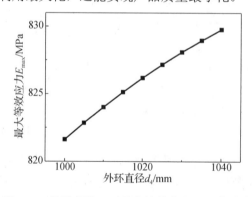

图 4.18　外环直径 d_4 对最大等效应力 E_{max} 的影响

4.3.5　过盈联接组件过盈量对最大等效应力的影响

图 4.19 所示为过盈量对某型号风电锁紧盘最大等效应力的影响，内环与外环过盈量 δ_3 取标准过盈量 2～3mm 作为研究对象，该过盈区间的选定在第 3 章可靠性设计的基础上得出。由图 4.20 可知，随着过盈量 δ_3 的增加，最大等效应力逐渐增大。在锁紧盘产品设计过程中，过盈量对最大等效应力的影响最大，设计过大的过盈量，容易导致最大等效应力超过材料屈服极限，产生塑性破坏。因此，过盈量的选取必须要经过精确、科学的校核运算。

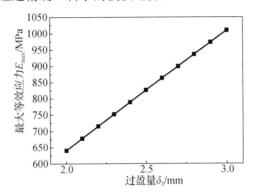

图 4.19　内环与外环过盈量 δ_3 对最大等效应力 E_{max} 的影响

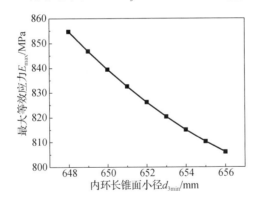

图 4.20　内环长锥面小径 d_{3min} 对最大等效应力 E_{max} 的影响

4.3.6　过盈联接次外层包容件直径对最大等效应力的影响

图 4.20 为次外层包容件直径（内环长锥面小端直径）对最大等效应力的影响，内环长锥面小径 d_{3min} 取 648～656mm 作为研究对象。可以看出，随着内环长锥面小径的增加，最大等效应力持续减少，且减少程度不断降低。设计较小的内环长锥面小径有助于提高最大等效应力，实现产品材料性能的最大化利用。因此，在合适的加工条件下，推荐选用较小的长锥面小径作为设计尺寸。

参 考 文 献

[1] 雷德明，严新平. 多目标智能优化算法及其应用[M]. 北京：科学出版社，2009.

[2] 何卫，薛卫东，唐斌. 优化试验设计方法及数据分析[M]. 北京：化学工业出版社，2012.

[3] 王传青. 白车身前端结构—材料—性能一体化轻量化多目标协同优化设计[D]. 长春：吉林大学，2016.

[4] KACKAR R N. Off-line quality control, parameter design and Taguchi methods[J]. Journal of Quality Technology, 1989, 17.

[5] STANDER N, CRAIG K J. On the robustness of a simple domain reduction scheme for simulation based optimization[J]. Engineering Computations, 2002, 19(4): 431-450.

[6] HARDY R L. Multiquadric equations of topography and other irregular surfaces[J]. Journal of Geophysical Research, 1971, 76(8): 1905-1915.

[7] MOODY J, DARKEN C J. Fast learning in networks of locally-tuned processing units[J]. Neural Computation, 2014, 1(2): 281-294.

[8] FANG H, RAIS-ROHANI M, LIU Z, et al. A comparative study of metamodeling methods for multiobjective crashworthiness optimization[J]. Computers & Structures, 2005, 83(25-26): 2121-2136.

[9] KLEIJNEN J P C. Kriging meta-modeling in simulation: a review[J]. European Journal of Operational Research, 2009, 192(3): 707-716.

[10] HUANG D, ALLEN T T, NOTZ W I, et al. Sequential kriging optimization using multiple-fidelity evaluations[J]. Structural & Multidisciplinary Optimization, 2006, 32(5): 369-382.

[11] TSAI S J, SUN T Y, LIU C C, et al. An improved multi-objective particle swarm optimizer for multi-objective problems[J]. Expert Systems with Applications, 2010, 37(8): 5872-5886.

[12] COELLO C A C. Evolutionary multiobjective optimization: current and future challenges[M].Advances in Soft Computing. Springer London, 2003.

[13] SRINIVAS N, DEB K. Multiobjective optimization using nondominated sorting in genetic algorithms[J]. Evolutionary Computation, 1994, 2(3): 221-248.

[14] GOLDBERG D E. Genetic algorithms in search, optimization and machine Learning[M]. Addison-Wesley Longman Publishing Co., Inc. Boston, 1989.

[15] AMOUZGAR K. Multi-objective optimization using genetic algorithms[J]. Reliability Engineering & System Safety, 2012, 91(9): 992-1007.

[16] SANKAR S S, PONNANBALAM S G, RAJENDRAN C. A multiobjective genetic algorithm for scheduling a flexible manufacturing system[J]. International Journal of Advanced Manufacturing Technology, 2003, 22(3-4): 229-236.

[17] DEB K, PRATAP A, AGARWAL S, et al. A fast and elitist multi-objective genetic algorithm: NSGA-II[J]. IEEE Transaction on Evolutionary Computation, 2002, 6(2): 182-197.

[18] JAIN A, CASTELLI I E, HAUTIER G, et al. Performance of genetic algorithms in search for water splitting perovskites[J]. Journal of Materials Science, 2013, 48(19): 6519-6534.

[19] KIRKPATRICK S, GELATT C D,VECCHI M P. Optimization by simulated annealing[J]. Science, 1992, 220(4598): 671-680.

[20] SERAFINI P. Mathematics of multi objective optimization[J]. International Centre for Mechanical Sciences, 1985, 289.

[21] ULUNGU E L, TEGHEM J. Multi-objective combinatorial optimization problems: a survey[J]. Journal of Multi-criteria Decision Analysis, 1994, 3(2): 83-104.

[22] 李金忠,夏洁武,曾小荟,等. 多目标模拟退火算法及其应用研究进展[J]. 计算机工程与科学, 2013, 35 (8): 77-88.

[23] COELLO C A C, PULIDO G T, LECHUGA M S. Handling multiple objectives with particle swarm optimization[J]. IEEE Transactions on Evolutionary Computation, 2004, 8(3): 256-279.

[24] SIERRA M R, COELLO C A. Improving PSO-based multi-objective optimization using crowding, mutation and e-dominance[J]. Lecture Notes in Computer Science, 2005, 3410: 505-519.

[25] 黄庆学,李璞,王建梅,等. 宏微观跨尺度下的锥套运行力学机理研究[J]. 机械工程学报, 2016, 52 (14): 213-220.

[26] 方开泰. 正交与均匀试验设计[M]. 北京:科学出版社, 2001.

[27] 王建梅,唐亮. 锁紧盘设计理论与方法[M]. 北京:冶金工业出版社, 2014.

[28] WANG J M, NING K, XU J L, et al. Reliability-based robust design of wind turbine's shrink disk[J]. Proceedings of the Institution of Mechanical Engineers, Part C: Journal of Mechanical Engineering Science, 2018, 232(15): 2685-2696.

[29] 王建梅,陶德峰,黄庆学,等. 多层圆筒过盈配合的接触压力与过盈量算法研究[J]. 工程力学, 2013, 30 (9): 270-275.

[30] 成大先. 机械设计手册.单行本.联接与紧固[M]. 5 版. 北京:化学工业出版社, 2010.

[31] 徐俊良,王建梅,宁可,等. N 层过盈联接结合压力算法研究[J]. 工程设计学报, 2017, 24 (1): 83-88.

[32] WANG J M, NING K, TANG L, et al. Modeling and finite element analysis of load-carrying performance of a wind turbine considering the influence of assembly factors[J]. Applied Sciences, 2017, 7(3): 1-12.

[33] KANG J H, LEE H W. Study on the design parameters of a low speed coupling of a wind turbine[J]. International Journal of Precision Engineering & Manufacturing, 2017, 18(5): 721-727.

第 5 章　多层过盈联接性能的影响因素

过盈联接广泛应用在机械工程领域[1]。其性能受过盈量、摩擦系数、材料处理方式等多种因素的影响。过盈量是最直接影响过盈联接性能的参数，影响过盈量的主要因素有加工偏差、装配间隙、工况温度、离心力、摩擦系数、结合面锥度、装配次数、外环外径、安全系数等。本章以风电锁紧盘为例，针对上述几个主要因素进行分析[2,3]。

5.1　加　工　偏　差

多层过盈圆筒结合面在加工过程中，其设计过盈量与实际过盈量会产生一定程度的偏差，该偏差称为加工偏差。不同程度的加工偏差会造成过盈组件之间过盈量偏大或偏小：过盈量较大会导致部件发生塑性变形、强度破坏；过盈量较小会导致连接件无法承载转矩，造成过盈配合松脱[4-6]。为了测试加工偏差对过盈联接性能的影响，分别从冯·米塞斯（Von Mises）应力、接触压力、承载转矩 3 个方面进行分析，以锁紧盘为例，采用有限元软件 ABAQUS 建立不同加工偏差模型[7-9]。

锁紧盘的工作原理是通过外环和内环形成楔形面配合，使螺栓轴向力转化为径向力，从而层层递进，达到层层锁紧的目的[10-12]。图 5.1 所示为锁紧盘结构示意图。实际工况中，外环与内环连接处形成长、短圆锥面，其中，长圆锥面的过盈量对过盈联接接触压力起着主要的影响作用。

以长圆锥面配合模型作为研究对象，分别设置图 5.2 中 I、II、III、IV 不同的加工尺寸为 d_I、d_{II}、d_{III}、d_{IV}。根据某种特定规格锁紧盘，其外环和内环直径方向加工尺寸的偏差为 ±0.062mm。如表 5.1 所示，建立 4 种加工偏差模型，模型 1 作为参考对照组。

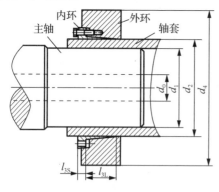

图 5.1　锁紧盘结构示意图

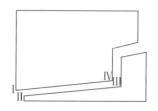

图 5.2　加工偏差示意图

表 5.1　各模型加工偏差

模型	左端		右端	
1	d_{I}，d_{II}		d_{III}，d_{IV}	
2	$d_{\mathrm{I}}+0.062$，$d_{\mathrm{II}}-0.062$		$d_{\mathrm{III}}-0.062$，$d_{\mathrm{IV}}+0.062$	
3	$d_{\mathrm{I}}-0.062$，$d_{\mathrm{II}}+0.062$		$d_{\mathrm{III}}+0.062$，$d_{\mathrm{IV}}-0.062$	
4	$d_{\mathrm{I}}+0.062$，$d_{\mathrm{II}}-0.062$		$d_{\mathrm{III}}+0.062$，$d_{\mathrm{IV}}-0.062$	
5	$d_{\mathrm{I}}-0.062$，$d_{\mathrm{II}}+0.062$		$d_{\mathrm{III}}-0.062$，$d_{\mathrm{IV}}+0.062$	

5.1.1　有限元模型

　　建立锁紧盘有限元模型时，考虑到螺栓分布数量多，网格划分复杂，为了减少计算量，简化三维模型为二维轴对称结构。设置模型为 4 节点轴对称减缩积分单元（CAX4R），接触算法采用 Penalty 法[13]。外环、内环、轴套和主轴的网格尺寸分别为 2mm、1mm、2mm 和 2mm。模拟锁紧盘实际工况的边界条件，在内环右端施加轴向位移，模拟螺栓提供的轴向力，固定轴套左端和主轴右端，约束轴向和径向位移。锁紧盘二维网格模型如图 5.3 所示。

　　设置结合面间的滑动形式为有限滑动，外环与内环结合面之间涂有二硫化钼润滑脂，设定其摩擦系数为 0.09，过盈量为 2.474mm。过盈结合面间的摩擦系数设定为 0.15。外环、内环和主轴材料为普通钢，设定弹性模量为 210GPa，轴套材料的弹性模量为 180GPa，各组件材料的泊松比均为 0.3。设置外环边界条件，使其沿轴向方向向右移动 23.6mm，模拟实际工况锁紧盘装配。模型各尺寸参数如表 5.2 所示。

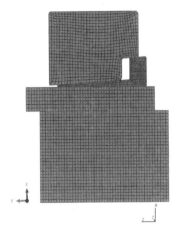

图 5.3　锁紧盘网格划分

表 5.2　模型基本参数

尺寸	d_0	d_1	d_2	d_4	$l_{3\mathrm{L}}$	$l_{3\mathrm{S}}$
数值/mm	60	520	640	1020	210	54

5.1.2　模拟结果分析

　　1. Von Mises 应力

　　根据 Lame 方程，多层过盈联接在受压过程中，过盈组件内侧是其发生最大应力的区域。在锁紧盘各部件内侧建立轴向结点，选择 0～200mm 区域分析各组件的受力曲线。

　　图 5.4～图 5.7 所示分别为外环、内环、轴套和主轴的 Von Mises 应力计算结果。

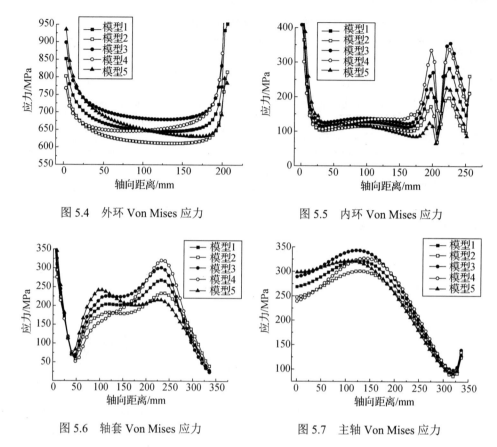

图 5.4　外环 Von Mises 应力　　　　　图 5.5　内环 Von Mises 应力

图 5.6　轴套 Von Mises 应力　　　　　图 5.7　主轴 Von Mises 应力

由图 5.4～图 5.7 可知，不同加工偏差模型下，锁紧盘各结合面的应力虽然走向趋势相近，但数值不同，Von Mises 应力有一定的数值浮动。模型 2 的加工偏差设定相比于模型 1，其过盈量与正常值相比偏小，同样，模型 3 的加工偏差设定比正常值偏大，如图 5.4 所示。通过对比 Von Mises 应力，由大到小分别为模型 3、模型 1、模型 2，这主要是因为过盈量取值不同，模型 2 过盈量最小，因此其应力相对最小。根据应力分布规律可知，Von Mises 应力与过盈量取值正相关。

由于内环结构特性，长圆锥面部分有较大的刚度，受到径向压力时，容易产生变形，所在图 5.5 中 175～250mm 处应力发生较大的波动。如图 5.7 所示，模型 3 应力值最大，模型 2 应力值最小，极值点相差 110MPa。由于施加边界条件固定主轴右端，其应力结果在左端处明显集中。因此，图 5.7 中各模型应力偏差主要集中在主轴左端。

2. 接触压力

安全的接触压力范围是保证过盈联接性能的直接体现。分析接触压力的分布规律有助于研究过盈联接的影响性能。图 5.8～图 5.10 所示分别为内环与外环、轴套与内环和主轴与轴套各结合面的接触压力。

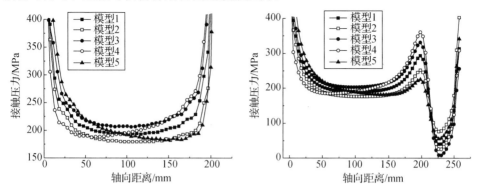

图 5.8 内环与外环结合面的接触压力　　图 5.9 轴套与内环结合面的接触压力

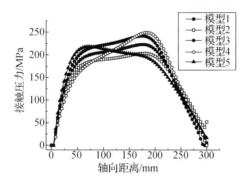

图 5.10 主轴与轴套结合面的接触压力

由图 5.8～图 5.10 可知，模型 1、模型 2 和模型 3 的各组件表面的接触压力分布相似。模型 3 的各接触压力最大，模型 1 次之，模型 2 最小。对比各模型极值点，中部地区的接触压力最大相差 25MPa 以上。模型 4 和模型 5 曲线在图中存在斜率不同的交叉点，模型 4 左低右高，模型 5 则左高右低，这是因为部件两端设计过盈量存在偏差，导致各部件接触压力分布不同。

3. 承载转矩

接触压力、摩擦系数、配合长度、主轴外径是决定过盈联接承载转矩的重要参数，其大小直接决定过盈联接在旋转时的可靠性[14]。承载转矩的计算公式为

$$M = \frac{\mu_1 p_1 \pi d_1^2 l_1}{2} \tag{5.1}$$

式中，d_1 为主轴外径；μ_1 为轴套与主轴结合面摩擦系数；p_1 为轴套与主轴结合面接触压力；l_1 为轴套与主轴结合面的轴向距离。

对比接触压力模拟值与解析值，分别代入式（5.1），求出锁紧盘承载转矩 M。各模型承载转矩及相对误差如表 5.3 所示。

表 5.3　各模型承载转矩及其相对误差

模型	承载转矩/（kN·m）	相对误差/%
1	3082	0
2	2940	4.6
3	3228	4.7
4	3123	1.3
5	3042	1.3

由表 5.3 可知，在可接受加工偏差范围内，多层过盈联接受其影响较小。其中模型 2 和模型 3 的承载转矩分别为 2940kN·m 和 3228kN·m。与对照组模型 1 相比，相对误差为 4.6% 和 4.7%，模型 4 和模型 5 的承载转矩的相对误差仅为 1.3%，满足工程所需 5% 以内的要求。

以上分析表明，在可接受加工偏差范围内，多层过盈联接受其影响较小，最大误差为 4.7%，满足设计要求。同时，由于受内环长圆锥面刚度影响，加工偏差导致 Von Mises 应力和接触压力在内环端面处波动较大，影响明显，最大值与最小值的差值达到 100MPa。因此，建议在生产加工过程中，为确保零件表面加工精度，尽可能降低加工偏差，以使多层过盈联接组件承载性能满足设计要求。

5.2　装　配　间　隙

在实际多层过盈装配中，其结合面的上下极限偏差需要合理选取。配合件之间存在最大或最小间隙的配合，影响过盈联接的可靠性。由于设计需求，多层过盈联接设计必须考虑装配间隙[15]。以下以锁紧盘为例，通过采用有限元数值模拟的方法，全面分析装配间隙对多层过盈联接的影响。

模型尺寸仍然与上节相同，建立一种最小装配间隙模型（模型 1）和一种最大装配间隙模型（模型 2），装配间隙参数如表 5.4 所示。分析锁紧盘组件的 Von Mises 应力和结合面间的接触压力。

表 5.4　装配间隙参数

模型	主轴与轴套	内环与轴套
1	0.022	0.08
2	0.136	0.24

1. Von Mises 应力

对比两种装配间隙下锁紧盘各组件的应力及结合面的接触压力，分析结果如图 5.11～图 5.14 所示。

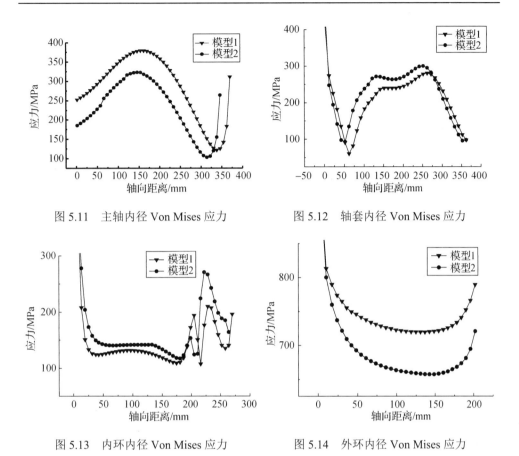

图 5.11　主轴内径 Von Mises 应力　　　　　图 5.12　轴套内径 Von Mises 应力

图 5.13　内环内径 Von Mises 应力　　　　　图 5.14　外环内径 Von Mises 应力

在图 5.11 中，模型 1 和模型 2 的应力曲线先升高，在中间段应力值达到顶点，然后开始下降，在轴向右端面处又开始升高，整体两条曲线规律相似，模型 1 整体应力值要大于模型 2，极值差为 100MPa 左右。图 5.12 和图 5.13 曲线规律相似，但模型 2 的应力值整体大于模型 1，与主轴及外环应力规律相反，其中图 5.12 中的曲线极值差为 50MPa，图 5.13 中的曲线极值差为 100MPa。图 5.14 中左端某一轴向节点上的 Von Mises 应力相差较小，中间区域 Von Mises 应力相差较大，最大与最小差值可达 150MPa。对比分析两种模型的应力曲线，可以得知装配间隙对多层过盈联接应力值有一定影响。

2. 接触压力

从图 5.15～图 5.17 可知，两种装配间隙下锁紧盘各组件的接触压力曲线规律分布大体相似，但接触压力数值有一些差别：在图 5.15 中，主轴与轴套之间接触压力极值差为 25MPa 左右；图 5.17 中，内环与外环通过斜锥面连接，在部件两端面应力集中现象较为突出，因此接触压力最大与最小差值可达 100MPa 左右，中间段差值有一定减小。

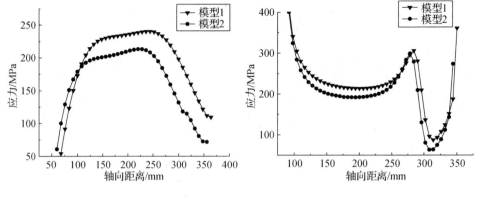

图 5.15　主轴与轴套结合面接触压力　　图 5.16　轴套与内环结合面接触压力

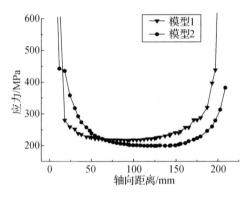

图 5.17　内环与外环长圆锥面接触压力

模型 1 的装配间隙比模型 2 小，接触压力曲线整体却大于模型 2，因此，各结合面的装配间隙与接触压力成负相关。

3. 承载转矩

按照式（5.1）计算承载转矩 M。表 5.5 为模型 1 与模型 2 的承载转矩计算结果。

表 5.5　各模型承载转矩对比

模型	承载转矩/（kN·m）
模型 1	4345.72
模型 2	3688.48

由表 5.5 可知，由于装配间隙与接触压力负相关，将接触压力值代入式（5.1），承载转矩也有相同规律。模型 1 的承载转矩为 4345.72kN·m，模型 2 的承载转矩为 3688.48kN·m，其差值为 657.24kN·m。

通过建立两种装配间隙模型，通过有限元方法分析不同装配间隙对多层过盈联接组件结合性能的影响。可以得知，装配间隙对多层过盈联接接触压力、承载转矩影响较大。过大的装配间隙会影响多层过盈联接传递性能，实际设计中要充分考虑装配间隙的合理范围。

5.3　温　度

多层过盈联接组件在实际工作中有非均匀温度场与均匀温度场，温差对各结合面接触压力及承载性能具有较大影响。传统设计方法在计算过盈量时，通常忽略温度的影响，会导致多层过盈联接组件在实际中不能满足工作要求。本节借助有限元软件 ABAQUS 建立非均匀温度场和均匀温度场模型，分别讨论两种情况下温度对多层过盈联接性能的影响。

5.3.1　温度产生的径向位移计算

1. 多层过盈联接组件的温度分布公式推导

图 5.18 所示为导热物体内任意微元六面体的能量收支平衡分析。该物体中有内热源，其值为 $\dot{\varPhi}$，代表单位时间内单位体积中产生或消耗的热能（产生取正号，消耗为负号），单位为 W / m^3。假定导热物体的热物理性质是温度的函数。

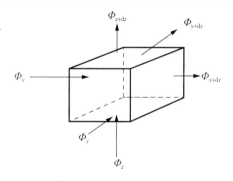

图 5.18　微元体的导热热平衡分析

图中，$\varPhi_x$、$\varPhi_y$ 和 $\varPhi_z$ 为 x、y、z 坐标轴的热流量分量。通过 $x = x$、$y = y$、$z = z$ 这 3 个微元表面热导入微元体的热流量，根据傅里叶定律分别有

$$\begin{cases} (\varPhi_x)_x = -\lambda \left(\dfrac{\partial t}{\partial x} \right)_x \mathrm{d}y\mathrm{d}z \\[2mm] (\varPhi_y)_y = -\lambda \left(\dfrac{\partial t}{\partial y} \right)_y \mathrm{d}x\mathrm{d}z \\[2mm] (\varPhi_z)_z = -\lambda \left(\dfrac{\partial t}{\partial z} \right)_z \mathrm{d}x\mathrm{d}y \end{cases} \tag{5.2}$$

式中，$(\Phi_x)_x$ 为热流量在 x 方向的分量 Φ_x 在 x 点的值，其余类推。通过 $x = x + dx$、$y = y + dy$、$z = z + dz$ 这 3 个表面热导出微元体的热流量，也可按照傅里叶定律写出如下表达式：

$$\begin{cases} (\Phi_x)_{x=x+dx} = (\Phi_x)_x + \dfrac{\partial \Phi_x}{\partial x} dx = (\Phi_x)_x + \dfrac{\partial}{\partial x}\left[-\lambda\left(\dfrac{\partial t}{\partial x}\right)_x dydz\right]dx \\[4mm] (\Phi_y)_{y=y+dy} = (\Phi_y)_y + \dfrac{\partial \Phi_y}{\partial y} dy = (\Phi_y)_y + \dfrac{\partial}{\partial y}\left[-\lambda\left(\dfrac{\partial t}{\partial y}\right)_y dxdz\right]dy \\[4mm] (\Phi_z)_{z=z+dz} = (\Phi_z)_z + \dfrac{\partial \Phi_z}{\partial z} dz = (\Phi_z)_z + \dfrac{\partial}{\partial z}\left[-\lambda\left(\dfrac{\partial t}{\partial z}\right)_z dxdy\right]dz \end{cases} \quad (5.3)$$

按照能量守恒定律，微元体在任一时间间隔内有以下热平衡关系，可用下式表示：

$$Q_1 + W_1 = Q_2 + W_2 \qquad (5.4)$$

式中，Q_1 为导入微元体的总热流量；W_1 为微元体内热源的生成热；Q_2 为导出微元体的总热流量；W_2 为微元体热力学能（即内能）增量。

其中，

$$W_1 = \dot{\Phi}dxdydz \qquad (5.5)$$

$$W_2 = \rho c \frac{\partial t}{\partial \tau}dxdydz \qquad (5.6)$$

式中，ρ、c、$\dot{\Phi}$ 及 τ 分别为微元体的密度、比热容、单位时间内单位体积中内热源的生成热及时间。

将式（5.2）、式（5.3）、式（5.5）及（5.6）代入式（5.4），整理得

$$\rho c \frac{\partial t}{\partial \tau} = \frac{\partial}{\partial x}\left(\lambda\frac{\partial t}{\partial x}\right) + \frac{\partial}{\partial y}\left(\lambda\frac{\partial t}{\partial y}\right) + \frac{\partial}{\partial z}\left(\lambda\frac{\partial t}{\partial z}\right) + Q_1 \qquad (5.7)$$

式（5.7）为三维非稳态导热微分方程的一般形式，其中 ρ、c、Q_1 及 λ 均为变量。本章所运用的模型是常物性、无内热源、稳态。针对具体情形导出式（5.7）的相应简化形式，式（5.7）可以简化成如下拉普拉斯方程[16]：

$$\frac{\partial^2 t}{\partial x^2} + \frac{\partial^2 t}{\partial y^2} + \frac{\partial^2 t}{\partial z^2} = 0 \qquad (5.8)$$

为了简化为沿半径方向的一维导热问题，利用圆柱坐标系 (r, φ, z) 转换方程[17]。为便于分析，先假设材料的导热系数 λ 等于常数。根据式（5.8）可转换成极坐标形式：

$$\frac{d}{dr}\left(r\frac{dt}{dr}\right) = 0 \qquad (5.9)$$

与方程相应的边界条件为

$$r = r_1, t = t_a$$

$$r = r_2, t = t_b$$

式（5.9）经过两次连续积分，得其通解为

$$t = c_1 \ln r + c_2$$

式中，c_1 和 c_2 由边界条件确定。将边界条件式代入通解式，联解得

$$c_1 = \frac{t_b - t_a}{\ln(r_2 / r_1)}, \quad c_2 = t_1 - \ln r_1 \frac{t_b - t_a}{\ln(r_2 / r_1)}$$

将 c_1、c_2 代入通解式得温度分布为[18]

$$t = t_a + \frac{t_b - t_a}{\ln(r_2 / r_1)} \ln(r / r_1) \tag{5.10}$$

2. 热应力引起的位移推导

物体温度发生变化时，物体内部各部分之间相互约束所产生的应力称为热应力，是一种非外力作用引起的应力。温度发生变化与不同的约束作用是产生热应力最根本的原因。其中，有 3 种不同类型的约束，即外部变形约束、相互变形约束、内部各部分之间的约束。

圆筒极坐标示意图如图 5.19 所示，根据热应力与位移的关系可知：

$$\begin{cases} \sigma_\rho = E / (1+v)[(1-v) / (1-2v) \cdot (\partial u_\rho / \partial_\rho) + v / (1-2v) \times (u_\rho / \rho + \partial u_z / \partial z)] \\ \qquad - (\alpha E t) / (1-2v) \\ \sigma_\theta = E / (1+v)[(1-v) / (1-2v) \cdot u_\rho / \rho + v / (1-2v) \times (\partial u_\rho / \partial \rho + \partial u_z / \partial z)] \\ \qquad - (\alpha E t) / (1-2v) \\ \sigma_z = E / (1+v)[(1-v) / (1-2v) \cdot (\partial u_z / \partial z) + v / (1-2v) \times (\partial u_\rho / \partial r + u_\rho / \rho)] \\ \qquad - (\alpha E t) / (1-2v) \end{cases} \tag{5.11}$$

式中，E 为材料的弹性模量；v 为材料的泊松比；α 为材料的膨胀系数；t 为圆筒内部的温度系数；u_ρ、u_z 分别为圆筒任意一点的径向和轴向位移；σ_ρ、σ_θ、σ_z 分别为圆筒任意一点的径向应力、周向应力、轴向应力。

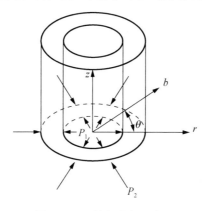

图 5.19　圆筒极坐标示意图

由应力分量表示的平衡微分方程为

$$
\begin{cases}
\dfrac{\partial \sigma_\rho}{\partial \rho} + \dfrac{\partial \tau_{z\rho}}{\partial z} + \dfrac{\sigma_\rho - \sigma_\theta}{\rho} = 0 \\[3mm]
\dfrac{\partial \tau_{z\rho}}{\partial \rho} + \dfrac{\partial \sigma_z}{\partial z} + \dfrac{\tau_{z\rho}}{\rho} = 0
\end{cases}
\tag{5.12}
$$

圆筒温度场对称分布，属于轴对称问题，故式（5.12）可简化为

$$
\begin{cases}
\dfrac{\partial \sigma_\rho}{\partial \rho} + \dfrac{\sigma_\rho - \sigma_\theta}{\rho} = 0 \\[3mm]
\dfrac{\partial \sigma_z}{\partial z} = 0
\end{cases}
\tag{5.13}
$$

将式（5.11）代入式（5.13）得

$$
\begin{cases}
\dfrac{d^2 u_z}{dz^2} \approx \dfrac{d\varepsilon_z}{dz} \\[3mm]
\dfrac{d^2 u_\rho}{d\rho^2} + \dfrac{du_\rho}{\rho d\rho} - \dfrac{u_\rho}{\rho^2} = \dfrac{1+\nu}{1-\nu} \alpha \dfrac{dt}{d\rho}
\end{cases}
\tag{5.14}
$$

忽略圆筒在轴向的位移可得 $\varepsilon_z = du_z / dz = 0$，式（5.14）中第一个公式为零，然后将第二个公式两边积分得

$$
u_\rho = \frac{1-\nu}{1+\nu} \cdot \frac{\alpha}{\rho} \int_a^\rho t\rho d\rho + c_1 + \frac{c_2}{\rho}
\tag{5.15}
$$

将式（5.14）和式（5.15）代入式（5.11）得

$$
\sigma_\rho \approx \frac{E}{1+\nu} \left(\frac{c_1}{1-2\nu} - \frac{c_2}{\rho^2} - \frac{1+\nu}{1-\nu} \cdot \frac{\alpha}{\rho^2} \int_a^\rho t\rho d\rho \right)
\tag{5.16}
$$

圆筒内外壁的边界条件应力为

$$
\sigma_{\rho|\rho=a} = 0 \ , \quad \sigma_{\rho|\rho=b} = 0
$$

代入式（5.16）得

$$
c_1 = \frac{(1+\nu)(1-2\nu)}{1-\nu} \frac{\alpha}{b^2-a^2} \int_a^b t\rho d\rho \ , \quad c_2 = \frac{1+\nu}{1-\nu} \frac{a^2 \alpha}{b^2-a^2} \int_a^b t\rho d\rho
$$

将系数 c_1、c_2 代入式（5.15）得

$$
u_\rho = \frac{1+\nu}{1-\nu} \frac{\alpha}{\rho} \int_a^\rho t\rho d\rho + \frac{(1+\nu)(1-2\nu)}{1-\nu} \cdot \frac{\alpha \cdot \rho}{b^2-a^2} \int_a^b t\rho d\rho + \frac{1+\nu}{1-\nu} \frac{a^2 \alpha}{(b^2-a^2) \cdot r} \int_a^b t\rho d\rho
\tag{5.17}
$$

忽略圆筒轴向的传热，温度仅沿径向方向发生变化，将温度分布函数式（5.10）代入式（5.16），得到圆筒受热应力径向位移计算公式[19]：

$$
u_\rho = \frac{1+\nu}{1-\nu} \alpha \left\{ \frac{t_a \rho^2 - t_a a^2}{2\rho} + \frac{t_b b^2 - t_a a^2}{2(b^2-a^2)} \left[(1-2\nu)\rho + \frac{a^2}{\rho} \right] + \frac{t_b - t_a}{2\ln(b/a)} \rho \left(\ln\frac{\rho}{a} + \nu - 1 \right) \right\}
\tag{5.18}
$$

3. 多层过盈联接组件热膨胀变形的计算

圆筒在受温度产生热膨胀时，任意一点的位移[20]

$$u_i = \int_0^\rho \alpha t \mathrm{d}\rho \tag{5.19}$$

将式（5.10）代入式（5.19）得到任意一点热膨胀引起的位移

$$u_i = \alpha\rho\left[t_a + \frac{t_b - t_a}{\ln(b/a)}\left(\ln\frac{\rho}{a} - 1\right)\right] \tag{5.20}$$

圆筒的受热总位移为热应力变形与自由膨胀之和，总位移可表示为

$$u_t = u_\rho + u_i \tag{5.21}$$

将式（5.18）与式（5.20）代入式（5.21），得到圆筒受热膨胀产生的径向位移

$$u_t = \frac{1+v}{1-v}\alpha\left\{\frac{t_a\rho^2 - t_a a^2}{2\rho} + \frac{t_b b^2 - t_a a^2}{2(b^2 - a^2)}\cdot\left[(1-2v)\rho + \frac{a^2}{\rho}\right] + \frac{t_b - t_a}{2\ln(b/a)}\rho\left(\ln\frac{\rho}{a} + v - 1\right)\right\}$$
$$+ \alpha\rho\left[t_a + \frac{t_b - t_a}{\ln(b/a)}\left(\ln\frac{\rho}{a} - 1\right)\right] \tag{5.22}$$

4. 多层过盈联接组件温度场下过盈量矩阵表达式

将圆筒 S_i 参数代入式（5.22），得到圆筒 S_i 受温度影响外表面的径向位移

$$Q_{2,i} = H_{2,i}t_{1,i} + J_{2,i}t_{2,i} \tag{5.23}$$

同理，圆筒 S_{i+1} 受温度影响内表面的径向位移

$$Q_{1,i+1} = H_{1,i+1}t_{1,i+1} + J_{1,i+1}t_{2,i+1} \tag{5.24}$$

式中，

$$H_{2,i} = \alpha\left[\frac{1+v}{1-v}\left(\frac{d_{2,i}^2 - d_{1,i}^2}{2d_{2,i}} - \frac{\left[(1-2v)d_{2,i} + \frac{d_{1,i}^2}{d_{2,i}}\right]d_{1,i}^2}{2(d_{2,i}^2 - d_{1,i}^2)} - \frac{d_{2,i}\left(1 + \frac{v-1}{\ln d_{2,i} - \ln d_{1,i}}\right)}{2}\right) + \frac{d_{2,i}}{\ln d_{2,i} - \ln d_{1,i}}\right]$$

$$J_{2,i} = \alpha\left[\frac{1+v}{1-v}\left(\frac{\left[(1-2v)d_{2,i} + \frac{d_{1,i}^2}{d_{2,i}}\right]d_{2,i}^2}{2(d_{2,i}^2 - d_{1,i}^2)} + \frac{d_{2,i}\left(1 + \frac{v-1}{\ln d_{2,i} - \ln d_{1,i}}\right)}{2}\right) + \left(d_{2,i} - \frac{d_{2,i}}{\ln d_{2,i} - \ln d_{1,i}}\right)\right]$$

$$H_{1,1+i} = \alpha\left[\frac{1+v}{1-v}\left(-\frac{d_{1,i+1}^2[(1-2v)d_{i+1} + d_{1,i+1}]}{2(d_{2,i+1}^2 - d_{1,i+1}^2)} - \frac{d_{1,i+1}(v-1)}{2(\ln d_{2,i+1} - \ln d_{1,i+1})}\right) + d_{1,i+1} + \frac{d_{1,i+1}}{\ln d_{2,i+1} - \ln d_{1,i+1}}\right]$$

$$J_{1,i+1} = \alpha\left[\frac{1+v}{1-v}\left(\frac{d_{2,i+1}^2[(1-2v)d_{i+1} + d_{1,i+1}]}{2(d_{2,i+1}^2 - d_{1,i+1}^2)} + \frac{d_{1,i+1}(v-1)}{2(\ln d_{2,i+1} - \ln d_{1,i+1})}\right) - \frac{d_{1,i+1}}{\ln d_{2,i+1} - \ln d_{1,i+1}}\right]$$

结合式（5.23）和式（5.24），温度场下多层过盈圆筒过盈量的矩阵表达式为

$$\boldsymbol{\delta} = \boldsymbol{K}\boldsymbol{p} + \boldsymbol{H}_J\boldsymbol{T} \tag{5.25}$$

式中,

$$\boldsymbol{H}_J = \begin{bmatrix} -H_{2,1} & -J_{2,1} & H_{1,2} & J_{1,2} & 0 & 0 & \cdots & 0 \\ 0 & 0 & -H_{2,2} & -J_{2,2} & H_{1,3} & J_{1,3} & \cdots & 0 \\ \vdots & \vdots & \vdots & \vdots & \vdots & \vdots & & \vdots \\ 0 & \cdots & 0 & 0 & -H_{2,n} & -J_{2,n} & H_{1,n+1} & J_{1,n+1} \end{bmatrix}$$

$$\boldsymbol{T} = \begin{bmatrix} t_{1,1} & t_{2,1} & t_{1,2} & t_{2,2} & \cdots & t_{1,n} & t_{2,n} & t_{1,n+1} & t_{2,n+1} \end{bmatrix}^{\mathrm{T}}$$

特殊情况下,多层过盈圆筒在均匀温度梯度下,不考虑其热应力,圆筒 S_i 受热膨胀时,外表面的径向位移

$$Q_{2,i} = \frac{1}{2}\alpha d_{2,i}\left(t_{2,i} + \frac{t_{1,i} - t_{2,i}}{\ln d_{2,i} - \ln d_{1,i}}\right) \tag{5.26}$$

同理,圆筒 S_{i+1} 受温度影响内表面的径向位移

$$Q_{1,i+1} = \frac{1}{2}\alpha d_{1,i+1}\left(t_{1,i+1} + \frac{t_{1,i+1} - t_{2,i+1}}{\ln d_{2,i+1} - \ln d_{1,i+1}}\right) \tag{5.27}$$

由均匀温度梯度引起多层过盈圆筒结合面位移变化

$$\Delta Q_i = Q_{1,i+1} - Q_{2,i}$$

$$= \frac{1}{2}\alpha d_{1,i+1}\left(\frac{\Delta t_{i+1}}{\ln d_{2,i+1} - \ln d_{1,i+1}} - \frac{\Delta t_i}{\ln d_{2,i} - \ln d_{1,i}}\right) \tag{5.28}$$

均匀温度梯度下多层过盈圆筒过盈量的矩阵表达式为

$$\boldsymbol{\delta} = \boldsymbol{K}\boldsymbol{p} + \Delta\boldsymbol{Q} \tag{5.29}$$

式中, $\Delta\boldsymbol{Q} = [Q_{1,2} - Q_{2,1}, Q_{1,3} - Q_{2,2}, \cdots, Q_{1,n+1} - Q_{2,n}]^{\mathrm{T}}$

5.3.2 非均匀温度场

1. 模型建立

ABAQUS 热分析功能强大,目前其主流热分析有 4 种:非耦合分析、顺序耦合分析、完全耦合分析、绝热分析[21]。本节研究的模型属于第二种,在完成模型装配的基础上,需要对模型进行温度场分析,将温度场分析结果作为已知参数,进一步得到热应力场和应力应变场。

传热建模步骤如下:

1) 以锁紧盘为例,利用表 5.2 基本尺寸创建部件。

2) 装配过程中位移变化的分析步类型为 Static、General（线性或非线性静力学分析）。在此基础上添加热传导分析步类型为 Coupled temp-displacement（热结构耦合分析）,并设置为稳态分析,最大增量步数为 100,最大增量步为 1。

3) 添加材料导热系数为 48W/（m·K）,比热容 480J/（kg·K）。由于外环和

内环形状不规则，划分网格时采用 Quad-dominated（四边形占优），即网格中主要使用四边形单元，并设置为 Coupled temp-displacement 类型。

4）定义结合面需要在新分析步中设置，定义外环外表面与主轴内表面的导热系数为 23W/（m·K）。

5）设定外环外表面温度为 30℃，主轴内表面温度为 0℃。分析后的温度分布情况如图 5.20 所示。

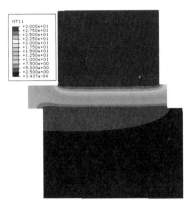

图 5.20　锁紧盘温度分布情况

热应力分析如下所述：

1）添加材料的热膨胀系数为 1.1×10^{-5} /℃。

2）设置分析步为 Static、General 静力通用类型，最大增量步数为 100，最大增量步为 1。

3）使用四边形网格单元，导入图 5.20 温度场分析的结果。

2. 模拟结果分析

经过上述建模步骤，得出 Von Mises 应力分析结果如图 5.21～图 5.24 所示，接触压力分析结果如图 5.25～图 5.27 所示。

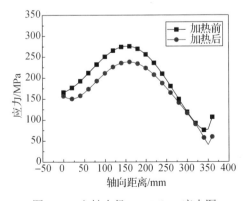

图 5.21　主轴内径 Von Mises 应力图

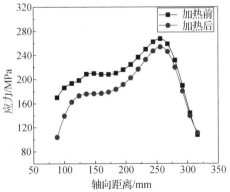

图 5.22　轴套内径 Von Mises 应力图

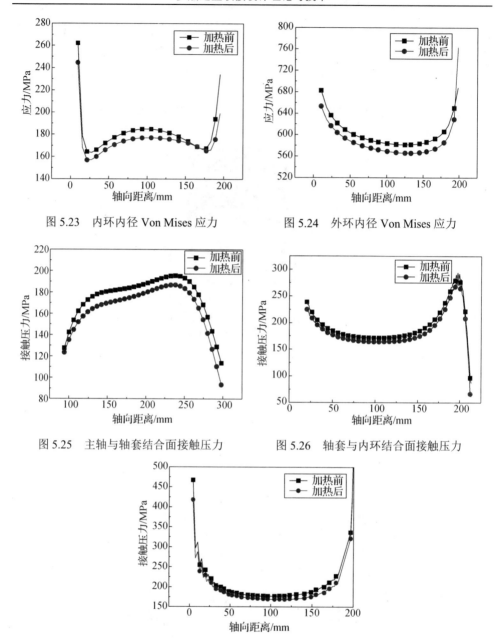

图 5.23　内环内径 Von Mises 应力　　　　　图 5.24　外环内径 Von Mises 应力

图 5.25　主轴与轴套结合面接触压力　　　　图 5.26　轴套与内环结合面接触压力

图 5.27　内环与外环长圆锥面接触压力

　　从图 5.21～图 5.24 可以看出，在温度场与热应力作用前后，锁紧盘各组件的应力分布规律有一定差异，加热后锁紧盘组件的 Von Mises 应力都有不同程度的减小，主轴与轴套中间区域变化较大，减小了 50MPa 左右；温度对内环与外环影响相对较小，减小了 20MPa 左右。由此可见，随着温度场温度的升高，锁紧盘各组件的 Von Mises 应力会有不同程度的下降。

由图 5.25～图 5.27 可以看出，对比加热前各结合面的接触压力，加热后各结合面的接触压力有不同程度的减小。若锁紧盘工况温度大于模型中设定的 30℃，则接触压力减小的幅度会更大，对锁紧盘的性能有更大的影响。这将可能导致多层过盈联接因接触压力小而不能传递额定转矩，造成结合面发生滑移扭动。

综上所述，温度场对锁紧盘的影响较大，随着温度的升高，多层过盈联接各组件的 Von Mises 应力和接触压力有一定程度降低。实际运行中，应采取合理的措施控制工况温度以减小其对锁紧盘性能的影响。

3. 有限元法和解析法对比

分析计算得出接触压力与 Von Mises 应力理论值和模拟值的对比结果，如图 5.28～图 5.34 所示。

图 5.28～图 5.30 为锁紧盘各结合面的接触压力分布，由图可知，加热前后各结合面的分布趋势基本相同，中部 25～175mm 区域，其各结合面接触压力的理论值与模拟值吻合较好。另外，受温度影响，与静态结构的接触压力相比，从内到外各结合面达到额定转矩所需的接触压力减小幅度逐渐增大。在各个结合面的端部，由于受到应力集中及模型两端固定约束的影响，理论值与模拟值存在偏差。在结合面的中部区域，主轴与轴套结合面理论值与模拟值误差较大，这是由受压圆筒理论计算方法的局限性所导致。

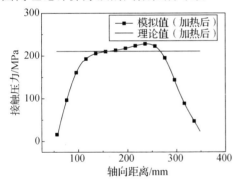

图 5.28　主轴与轴套结合面接触压力　　　　图 5.29　轴套与内环结合面接触压力

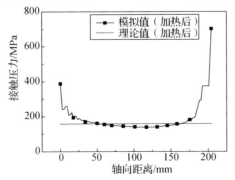

图 5.30　内环与外环结合面接触压力

图 5.31～图 5.34 为锁紧盘各组件内表面加热后理论值和模拟值应力对比图，加热前后组件的 Von Mises 应力的分布趋势相似，在组件的端部，受到边缘应力集中及模型两端固定约束的影响，理论值与模拟值相差较大。而各结合面的中部区域，两种方法的计算结果吻合较好，并且都在各组件材料的屈服极限内。

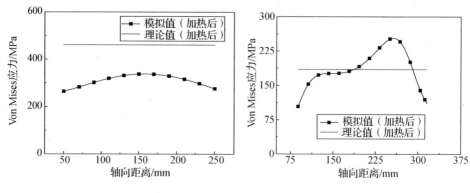

图 5.31　主轴内表面的 Von Mises 应力　　　　图 5.32　轴套内表面的 Von Mises 应力

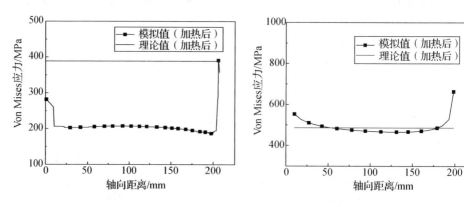

图 5.33　内环内表面的 Von Mises 应力　　　　图 5.34　外环内表面的 Von Mises 应力

5.3.3　均匀温度梯度

由矩阵算式（5.29）可以求出均匀温度梯度下多层过盈圆筒各结合面的接触压力。为了进一步验证其正确性，分析均匀温度梯度对过盈圆筒结合面接触压力的影响，利用有限元软件 ABAQUS 建立 M_1、M_2、M_3、M_4 三维模型，设置其分析步类型为 Static、General，摩擦公式选择 Penalty，设定摩擦系数为 0.15，并在每个圆筒内外表面施加不为零的等梯度温度，如图 5.35 所示。表 5.6 是多层过盈圆筒均匀温度梯度参数设置。

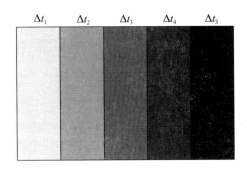

图 5.35　模型 M_4 的温度梯度

表 5.6　多层过盈圆筒温度梯度参数设置

温度梯度	参数值					
Δt /℃	0	10	20	30	40	50

图 5.36 表明模型 M_4 各结合面的接触压力 p_1、p_2、p_3、p_4 随均匀温度梯度 Δt 的增加而减小，呈线性变化，并且接触压力减小程度从 p_1 到 p_4 依次减小。由此可知，均匀温度梯度会减小多层过盈圆筒之间的过盈量，从而影响多层过盈组件传递转矩的性能。

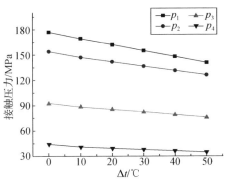

图 5.36　模型 M_4 结合面接触压力随温度梯度变化

为了验证均匀温度梯度下多层过盈圆筒接触压力与过盈量之间关系的正确性，对比分析模型 M_4 在温度梯度 Δt =10℃时模拟曲线中点数值解和解析解各结合面接触压力的相对误差，结果如表 5.7 所示。

表 5.7　解析解与数值解对比表

接触压力	p_1	p_2	p_3	p_4
解析解/MPa	169.374	147.059	88.408	40.801
数值解/MPa	172.561	146.768	95.783	41.929
相对误差/%	−1.85	0.198	−7.69	−2.69

表 5.7 表明，在 $\Delta t = 10℃$ 状态下，解析解与数值解基本吻合，最大误差为 -7.69%，说明在设计允许范围内，均匀温度梯度下多层过盈圆筒算法具有一定的准确性。

5.4　离　心　力

多层过盈联接组件常应用于转矩传递，如工况下风电锁紧盘转速与叶片同步，虽然转速较低，但是锁紧盘半径较大，故产生的离心力较大[22]。多层过盈联接部件受离心力影响会产生不同程度的弹性变形，最终导致接触压力的下降[23]。因此有必要利用有限元软件模拟，研究离心力对多层过盈联接的影响。

5.4.1　离心力产生的径向位移计算

1. 多层过盈联接组件在离心力作用下产生径向位移的计算

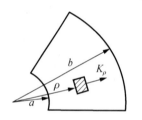

图 5.37　微单元体受离心力示意图

根据弹性力学，在极坐标系中径向平面任意半径 ρ 处取微小单元体，该微单元体的体积为单位体积，其受力情况如图 5.37 所示。

假设圆筒内半径为 a，外半径为 b，且以角速度 ω 旋转，密度为 ρ_0，弹性模量为 E，泊松比为 ν，则该单元体的离心力为

$$K_\rho = \rho\omega^2\rho_0 \tag{5.30}$$

由弹性力学可知，单元体平衡微分方程为

$$\frac{\mathrm{d}\sigma_\rho}{\mathrm{d}\rho} + \frac{\sigma_\rho - \sigma_\varphi}{\rho} + \rho\omega^2\rho_0 = 0 \tag{5.31}$$

根据几何方程，单元体径向应变 ε_ρ 和周向应变 ε_φ 分别为

$$\varepsilon_\rho = \frac{\mathrm{d}u}{\mathrm{d}\rho}, \quad \varepsilon_\varphi = \frac{u}{\rho} \tag{5.32}$$

根据平面应力应变的物理方程有

$$\begin{cases} \sigma_\rho = \dfrac{E}{1-\nu^2}(\varepsilon_\rho + \nu\varepsilon_\varphi) \\[2mm] \sigma_\varphi = \dfrac{E}{1-\nu^2}(\varepsilon_\varphi + \nu\varepsilon_\rho) \end{cases} \tag{5.33}$$

将式（5.32）和式（5.33）代入式（5.31）得

$$\frac{\mathrm{d}^2 u}{\mathrm{d}\rho^2} + \frac{1}{\rho}\frac{\mathrm{d}u}{\mathrm{d}\rho} - \frac{u}{\rho^2} = -\frac{1-\nu^2}{E}\rho\omega^2\rho_0 \tag{5.34}$$

式（5.34）为二阶微分方程，其解为该方程的齐次方程的通解加上一个特解，求解得出一般解为

$$u = A_1\rho + \frac{B_1}{\rho} - \frac{1-\nu^2}{8E}\rho_0\omega^2\rho^3 \tag{5.35}$$

将式（5.35）代入式（5.32）和式（5.33），得出任意一点处应力表达式，即

$$\begin{cases} \sigma_\rho = A - \dfrac{B}{\rho^2} - \dfrac{3+\nu}{8}\rho_0\omega^2\rho^2 \\[2mm] \sigma_\varphi = A + \dfrac{B}{\rho^2} - \dfrac{1+3\nu}{8}\rho_0\omega^2\rho^2 \end{cases} \tag{5.36}$$

式中，$A = EA_1/(1-\nu)$；$B = EB_1/(1+\nu)$。

根据以上假设，圆筒内外边界均不受力，$(\sigma_\rho)_{\rho=a} = 0, (\sigma_\rho)_{\rho=b} = 0$。

将上述边界条件代入式（5.36），得到

$$\begin{cases} A = \dfrac{3+\nu}{8}\rho_0\omega^2(a^2 + b^2) \\[2mm] B = \dfrac{3+\nu}{8}\rho_0\omega^2 a^2 b^2 \end{cases} \tag{5.37}$$

再将式（5.37）代入式（5.35），得到自由圆筒在离心力作用下任意一点处的位移表达式为

$$u_s = \frac{(3+\nu)\rho_0\omega^2}{8E\rho}[(1-\nu)(a^2+b^2)\rho^2 + (1+\nu)a^2 b^2] - \frac{\rho_0(1-\nu^2)\omega^2\rho^3}{8E} \tag{5.38}$$

2. 离心力作用下多层过盈组件所需过盈量的计算

受内、外压圆筒筒壁任意一点的径向位移公式为[24]

$$u_\varphi = \frac{1-\nu}{E}\cdot\frac{a^2 p_1 - b^2 p_2}{b^2 - a^2}\cdot\rho + \frac{1+\nu}{E}\cdot\frac{a^2 b^2(p_1 - p_2)}{b^2 - a^2}\cdot\frac{1}{\rho} \tag{5.39}$$

式中，a 为圆筒内半径；b 为圆筒外半径；p_1 为圆筒所受内压；p_2 为圆筒所受外压；ρ 为圆筒内任意一点的半径。

图 5.38 所示为两个圆筒过盈状态下受力示意图。定义 S_i 为第 i 个圆筒，S_{i+1} 为第 $i+1$ 个圆筒；p_{i-1} 为圆筒 S_i 内表面的压力，p_i 为圆筒 S_i 与 S_{i+1} 之间的接触压力，p_{i+1} 为圆筒 S_{i+1} 外表面的压力。$r_{1,i}$ 为圆筒 S_i 的内径，$r_{2,i}$ 为圆筒 S_i 的外径，$r_{2,i+1}$ 为圆筒 S_{i+1} 的外径；M 为圆筒 S_i 和 S_{i+1} 的结合面；ω 为转速。

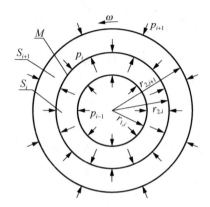

图 5.38　过盈圆筒受力示意图

假设由内、外压力所引起的径向位移为 $\Delta_{n,i}$，由离心力引起的径向位移为 $L_{n,i}$，$n=1$ 和 2，$i=1,2,3,\cdots$。其中，$n=1$ 表示内表面，$n=2$ 表示外表面；i 表示圆筒层数。

由式（5.39）得到圆筒 S_i 受接触压力外表面的径向位移

$$\Delta_{2,i}=\frac{1-\nu_i}{E_i}\cdot\frac{d_{1,i}{}^2 p_{i-1}-d_{2,i}{}^2 p_i}{d_{2,i}{}^2-d_{1,i}{}^2}\cdot d_{2,i}$$

$$+\frac{1+\nu_i}{E_i}\cdot\frac{d_{1,i}{}^2 d_{2,i}{}^2(p_{i-1}-p_i)}{d_{2,i}{}^2-d_{1,i}{}^2}\cdot\frac{1}{d_{2,i}}$$

$$=K_{3,i}p_{i-1}-K_{4,i}p_i \tag{5.40}$$

圆筒 S_{i+1} 受接触压力内表面的径向位移

$$\Delta_{1,i+1}=\frac{1-\nu_{i+1}}{E_{i+1}}\cdot\frac{d_{1,i+1}{}^2 p_i-d_{2,i+1}{}^2 p_{i+1}}{d_{2,i+1}{}^2-d_{1,i+1}{}^2}\cdot d_{1,i+1}$$

$$+\frac{1+\nu_{i+1}}{E_{i+1}}\cdot\frac{d_{1,i+1}{}^2 d_{2,i+1}{}^2(p_i-p_{i+1})}{d_{2,i+1}{}^2-d_{1,i+1}{}^2}\cdot\frac{1}{d_{1,i+1}}$$

$$=K_{1,i+1}p_i-K_{2,i+1}p_{i+1} \tag{5.41}$$

由式（5.38）得到圆筒 S_i 受离心力影响外表面的径向位移

$$L_{2,i}=\left\{\frac{(3+\nu_i)\rho_0}{32E_i d_{2,i}}\left[(1-\nu_i)(d_{1,i}{}^2+d_{2,i}{}^2)d_{2,i}{}^2+(1+\nu_i)d_{1,i}{}^2 d_{2,i}{}^2-\frac{\rho_0(1-\nu_i^2)d_{2,i}{}^3}{32E_i}\right]\right\}\omega^2$$

$$=G_{2,i}\omega^2 \tag{5.42}$$

同理，圆筒 S_{i+1} 受离心力影响内表面的径向位移

$$L_{1,i+1}=G_{1,i+1}\omega^2$$

圆筒 S_i 与 S_{i+1} 在旋转作用下的过盈量

$$\delta_i = \Delta_{1,i+1} - \Delta_{2,i} + L_{1,i+1} - L_{2,i}$$
$$= -K_{3,i}p_{i-1} + (K_{1,i+1} + K_{4,i})p_i - K_{2,i+1}p_{i+1} + (G_{1,i+1} - G_{2,i})\omega^2 \qquad （5.43）$$

则在离心力影响下，N 层过盈联接过盈量的矩阵表达式为

$$\boldsymbol{\delta} = \boldsymbol{K}\boldsymbol{p} + \boldsymbol{G}\omega^2 \qquad （5.44）$$

式中，$\boldsymbol{\delta} = \left[\delta_1, \delta_2, \cdots, \delta_n\right]^{\mathrm{T}}$

$\boldsymbol{p} = \left[p_1, p_2, \cdots, p_n\right]^{\mathrm{T}}$

$$\boldsymbol{K} = \begin{bmatrix} (K_{1,2}+K_{4,1}) & -K_{2,2} & 0 & \cdots & 0 & 0 & 0 \\ -K_{3,2} & (K_{1,3}+K_{4,2}) & -K_{2,3} & 0 & \cdots & 0 & 0 \\ 0 & -K_{3,3} & (K_{1,4}+K_{4,3}) & -K_{2,4} & 0 & \cdots & 0 \\ \vdots & \vdots & \vdots & \vdots & \vdots & & \vdots \\ 0 & \cdots & 0 & -K_{3,n-2} & (K_{1,n-1}+K_{4,n-2}) & -K_{2,n-1} & 0 \\ 0 & 0 & \cdots & 0 & -K_{3,n-1} & (K_{1,n}+K_{4,n-1}) & -K_{2,n} \\ 0 & 0 & 0 & \cdots & 0 & -K_{3,n} & (K_{1,n+1}+K_{4,n}) \end{bmatrix}$$

$$\boldsymbol{G} = \left[G_{1,2}-G_{2,1}, G_{1,3}-G_{2,2}, \cdots, G_{1,n+1}-G_{2,n}\right]^{\mathrm{T}}$$

3. 锁紧盘过盈联接实例

在实际工况中，锁紧盘受离心效应和温度场的影响，综合考虑，根据本书所列方程并结合多层过盈联接设计算法，得出锁紧盘在离心效应与温度耦合作用下的设计算法。

多层过盈结合面在离心力、温度共同作用下所产生的位移

$$\Delta = \frac{1-\nu}{E} \cdot \frac{d_1^2 p_1 - d_2^2 p_2}{d_2^2 - d_1^2} \cdot d + \frac{1+\nu}{E} \cdot \frac{a^2 d_2(p_1 - p_2)}{d_2^2 - d_1^2} \cdot \frac{1}{d}$$

$$+ \alpha d\left[t_a + \frac{t_b - t_a}{\ln(d_2/d_1)}\left(\ln\frac{d}{d_1} - 1\right)\right]$$

$$+ \frac{1+\nu}{1-\nu}\alpha\left\{\frac{t_a d^2 - t_a d_1^2}{2d} + \frac{t_b d_2^2 - t_a d_1^2}{d_2^2 - d_1^2}\right.$$

$$\cdot\left[\frac{d^2(1-2\nu)+d_1^2}{2d}\right] + \frac{t_b - t_a}{2\ln(d_2/d_1)}d\left(\ln\frac{d}{d_1} + \nu - 1\right)\right\}$$

$$+ \frac{(3+\nu)\rho_0\omega^2}{32Ed}\left[(1-\nu)(d_1^2 + d_2^2)d^2\right.$$

$$+ (1+\nu)d_1^2 d_2^2\right] - \frac{\rho_0(1-\nu^2)\omega^2 d^3}{32E} \qquad （5.45）$$

将锁紧盘的边界条件代入式（5.45）得

$$\begin{cases} \Delta_1 = \dfrac{1-\nu_1}{E_1} \cdot \dfrac{d_1^2(-p_1)}{d_1^2 - d_0^2} \cdot d_1 + \dfrac{1+\nu_1}{E_1} \cdot \dfrac{d_0^2 d_1^2(-p_1)}{d_1^2 - d_0^2} \cdot \dfrac{1}{d_1} + Q_1 \\[2mm] \qquad = -\dfrac{[1+\nu_1 + (1-\nu_1)n_1^2] \cdot d_1}{E_1(n_1^2 - 1)} p_1 + Q_1 \\[4mm] \Delta_2 = \dfrac{1-\nu_2}{E_2} \cdot \dfrac{d_1^2 p_1 - d_2^2 p_2}{d_2^2 - d_1^2} \cdot d_1 + \dfrac{1+\nu_2}{E_2} \cdot \dfrac{d_1^2 d_2^2(p_1 - p_2)}{d_2^2 - d_1^2} \cdot \dfrac{1}{d_1} + Q_2 \\[2mm] \qquad = \dfrac{[1-\nu_2 + (1+\nu_2)n_2^2] \cdot d_1}{E_2(n_2^2 - 1)} p_1 - \dfrac{2 d_1 (n_2)^2}{E_2(n_2^2 - 1)} p_2 + Q_2 \\[4mm] \Delta_3 = \dfrac{1-\nu_2}{E_2} \cdot \dfrac{d_1^2 p_1 - d_2^2 p_2}{d_2^2 - d_1^2} \cdot d_2 + \dfrac{1+\nu_2}{E_2} \cdot \dfrac{d_1^2 d_2^2(p_1 - p_2)}{d_2^2 - d_1^2} \cdot \dfrac{1}{d_2} + Q_3 \\[2mm] \qquad = \dfrac{2 d_2}{E_2(n_2^2 - 1)} p_1 - \dfrac{[1+\nu_2 + (1-\nu_2)n_2^2] \cdot d_2}{E_2(n_2^2 - 1)} p_2 + Q_3 \\[4mm] \Delta_4 = \dfrac{1-\nu_3}{E_3} \cdot \dfrac{d_2^2 p_2 - d_3^2 p_3}{d_3^2 - d_2^2} \cdot d_2 + \dfrac{1+\nu_3}{E_3} \cdot \dfrac{d_2^2 d_3^2(p_2 - p_3)}{d_3^2 - d_2^2} \cdot \dfrac{1}{d_2} + Q_4 \\[2mm] \qquad = \dfrac{[1-\nu_3 + (1+\nu_3)n_3^2] \cdot d_2}{E_3(n_3^2 - 1)} p_2 - \dfrac{2 d_2 n_3^2}{E_3(n_3^2 - 1)} p_3 + Q_4 \\[4mm] \Delta_5 = \dfrac{1-\nu_3}{E_3} \cdot \dfrac{d_2^2 p_2 - d_3^2 p_3}{d_3^2 - d_2^2} \cdot d_3 + \dfrac{1+\nu_3}{E_3} \cdot \dfrac{d_2^2 d_3^2(p_2 - p_3)}{d_3^2 - d_2^2} \cdot \dfrac{1}{d_3} + Q_5 \\[2mm] \qquad = \dfrac{2 d_2}{E_3(n_3^2 - 1)} p_2 - \dfrac{[1+\nu_3 + (1-\nu_3)(n_3)^2] \cdot d_3}{E_3(n_3^2 - 1)} p_3 + Q_5 \\[4mm] \Delta_6 = \dfrac{1-\nu_4}{E_4} \cdot \dfrac{d_3^2 p_3}{d_4^2 - d_3^2} \cdot d_3 + \dfrac{1+\nu_4}{E_4} \cdot \dfrac{d_3^2 d_4^2 p_3}{d_4^2 - d_3^2} \cdot \dfrac{1}{d_3} + Q_6 \\[2mm] \qquad = \dfrac{[1-\nu_4 + (1+\nu_4)n_4^2] \cdot d_3}{E_4(n_4^2 - 1)} p_3 + Q_6 \end{cases} \tag{5.46}$$

式中，Q 为锁紧盘在离心力和温度作用下所产生的位移。

将 A、B、C、D、E、F、G、H、I、J 与 Q_1、Q_2、Q_2、Q_4、Q_5、Q_6 代入方程组（5.46）得到

$$\begin{cases} \Delta_1 = A \cdot P_1 + Q_1 \\ \Delta_2 = B \cdot P_1 - C \cdot P_2 + Q_2 \\ \Delta_3 = D \cdot P_1 - E \cdot P_2 + Q_3 \\ \Delta_4 = F \cdot P_2 - G \cdot P_3 + Q_4 \\ \Delta_5 = H \cdot P_2 - I \cdot P_3 + Q_5 \\ \Delta_6 = J \cdot P_3 + Q_6 \end{cases} \tag{5.47}$$

由位移边界条件可知

$$\begin{cases} \Delta_1 - \Delta_2 = R_1 \\ \Delta_3 - \Delta_4 = R_2 \\ \Delta_6 - \Delta_5 = \delta_3 \end{cases} \tag{5.48}$$

即

$$\begin{cases} (A - B) \cdot P_1 + CP_2 + (Q_1 - Q_2) = R_1 \\ DP_1 - (E + F)P_2 + GP_3 + (Q_3 - Q_4) = R_2 \\ (J + I)P_3 - HP_2(Q_6 - Q_5) = \delta_3 \end{cases} \tag{5.49}$$

各结合面按照最大间隙，由里向外进行计算。由方程组（5.42）可解得 p_2、p_3 与 δ_3：

主轴传递转矩时，轴与轴套结合面所需压力

$$p_1 = \frac{2M}{\mu_1 \pi d_1^2 l_1} \tag{5.50}$$

轴套与内环结合面所需压力

$$p_2 = \frac{R_{1\max} - (A - B)p_1 + (Q_2 - Q_1)}{C} \tag{5.51}$$

外套与内环长圆锥面所需压力

$$p_3 = \frac{R_{2\max} - Dp_1 + (E + F)p_2 + (Q_4 - Q_3)}{G} \tag{5.52}$$

所需过盈量

$$\delta_3 = (J + I)p_3 - Hp_2(Q_6 - Q_5) \tag{5.53}$$

5.4.2　有限元模型

以普通钢为材料，构建 5 种圆筒模型 C_1、C_2、C_3、C_4、C_5 和 4 种多层过盈模型 M_1、M_2、M_3、M_4。模型具体参数如表 5.8 所示。

表 5.8　模型参数

模型	C_1	C_2	C_3	C_4	C_5
内径/mm	100	200	300	400	500
外径/mm	200	300	400	500	600
长度/mm	—	—	150	—	—
弹性模量/GPa	—	—	206	—	—
泊松比	—	—	0.3	—	—
密度/cm³	—	—	7.8g	—	—

其中，根据《产品几何技术规范（GPS）极限与配合 公差带和配合的选择》

（GB/T 1801—2009），模型 C_1 和 C_2 之间最大过盈量为 0.195mm，C_2 和 C_3 之间最大过盈量为 0.272mm，C_3 和 C_4 之间最大过盈量为 0.330mm，C_4 和 C_5 之间最大过盈量为 0.400mm。模型 M_1、M_2、M_3、M_4 如图 5.39 所示。

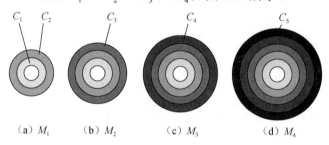

（a）M_1　　　　（b）M_2　　　　（c）M_3　　　　（d）M_4

图 5.39　多层过盈圆筒模型

为了进一步验证在离心力作用下矩阵算法的正确性，有效分析离心效应对过盈圆筒结合面接触压力的影响，利用有限元软件 ABAQUS 建立 M_1、M_2、M_3、M_4 三维模型。设置其分析步类型为 Static、General，摩擦公式选择 Penalty，设定摩擦系数为 0.15。图 5.40（a）是以模型 M_4 为例的边界条件，固定圆筒 C_1 并施加旋转体力，设置多个转速梯度从而求得离心效应下多层过盈圆筒接触压力数值解，图 5.40（b）是其三维网格示意图[25]。

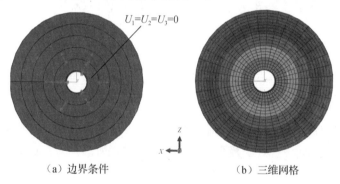

（a）边界条件　　　　　　　　　　（b）三维网格

图 5.40　多层过盈圆筒三维网格模型

5.4.3　模拟结果分析

多层过盈圆筒在高转速下，为保证其稳定地传递所需要的转矩，必须保证多层过盈组件在最小过盈量的条件下，其接触压力始终大于所需要的最小接触压力。根据式（5.44），代入模型参数求得 0rad/s、200rad/s、400rad/s、600rad/s 4 种转速梯度下各模型结合面之间的接触压力，如图 5.41 所示。

由图 5.41 可知，多层过盈圆筒模型接触压力随离心效应的增加而减小。结合 4 个模型，随着过盈层数的增加，相同结合面之间的接触压力上升显著，且结合面接触压力由内到外逐渐减小，即 $p_1 > p_2 > p_3 > p_4$，这表明最外层结合面的接触压力是最小值。在离心效应影响下，最外层接触压力更容易降低至临界值以下，导致最外层过盈组件先松脱，从而无法传递转矩。

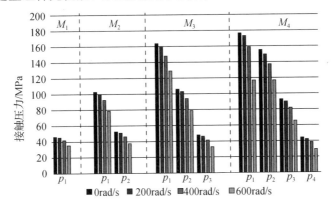

图 5.41　离心效应下各模型的接触压力

为了进一步说明离心效应对多层过盈圆筒接触压力的影响，单独对模型 M_4 进行分析，得出模型 M_4 在不同转速下各结合面接触压力的大小，如图 5.42 所示。

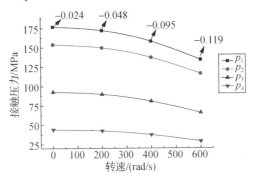

图 5.42　模型 M_4 在不同转速下各结合面的接触压力

由图 5.42 可知，对比模型 M_4 接触压力 p_1、p_2、p_3、p_4，接触压力随转速增加而下降的幅度从内到外依次减小。p_1 从 176MPa 降到 134MPa，p_2 从 153MPa 降到 116MPa，p_3 从 92MPa 降到 65MPa，p_4 从 44MPa 降到 29MPa。同一结合面接触压力随转速增加下降程度逐渐增大。例如，p_1 在转速为 0rad/s 时曲线斜率为 -0.024，当转速到达 600rad/s 时，曲线斜率增大到 -0.119。

受离心力影响，多层过盈圆筒结合面会发生不同程度的变形，这是导致其接触压力发生变化的根本原因。图 5.43 中，模型 M_4 各结合面之间的距离为负值，说明模型各结合面都处于过盈状态。随着转速的增加，模型 M_4 各结合面之间的过盈状态逐渐减小。图 5.39 中，模型 M_4 的圆筒 C_1 受其他圆筒挤压，所以圆筒 C_1

和 C_2 之间的过盈状态最好。圆筒 C_5 位于最外层，与圆筒 C_4 之间的接触压力最小，导致过盈状态最差。这表明在转速足够大的情况下，最外层结合面最先脱离。

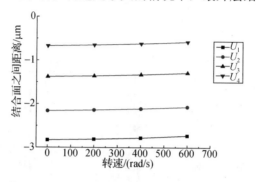

图 5.43　模型 M_4 转速与结合面之间的距离关系

为验证离心效应下多层过盈圆筒过盈量矩阵算法的准确性，以模型 M_4 为例，取转速为 600rad/s 工况下对数值解与解析解进行对比，结果如图 5.44 所示。

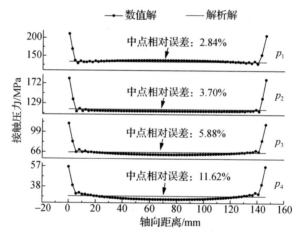

图 5.44　模型 M_4 数值解与解析解对比

图 5.44 中，模型 M_4 在离心效应下各结合面的接触压力 p_1、p_2、p_3、p_4 数值解都有所降低，这一现象与解析法结果一致。不考虑圆筒两边应力集中现象，数值解与解析解在轴向距离 25～115mm 范围内吻合度较好，其中最大误差为 11.62%，在允许设计范围内。

5.5　摩　擦　系　数

对于多层过盈联接组件来说，在设计时要求结合面承载压力介于材料承受最小承载压力和最大承载压力之间。对于风电锁紧盘来说，摩擦系数不合理的选取会使计算所得螺栓拧紧力矩不同于实际所需值，过大的摩擦系数会造成螺栓杆和螺纹塑性变形或断裂；选取过小的摩擦系数会使计算所得螺栓拧紧力矩小于实际所需值，使得外套达不到设计行程，导致主轴不能传递额定转矩[26]。基于此，本节给出各结合面的摩擦系数对最大承载压力、最小承载压力及实际承载压力的影响，如图 5.45 所示。

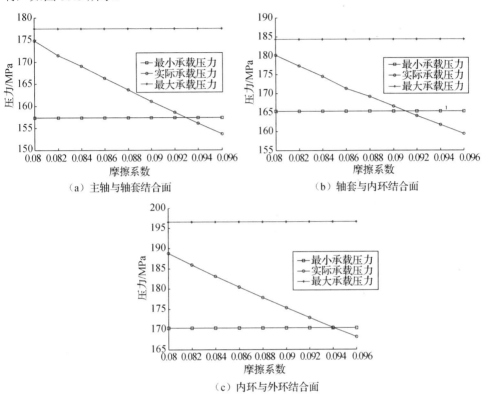

图 5.45　不同结合面的摩擦系数对承载压力的影响

从图 5.45 可以看出，摩擦系数对各结合面实际承载压力影响较大，随着摩擦系数的增加，实际承载压力线性降低。传递额定转矩与材料屈服强度计算决定最大、最小承载压力，因此不受摩擦系数的影响，只是为了给出锁紧盘的安全摩擦系数范围。综合各结合面可以得出结论，在风电锁紧盘的设计过程中，建议各结合面的摩擦系数的选取在 0.085～0.092 范围内是安全合理的。

5.6　结合面锥度

大部分多层过盈联接组件的配合件通过一定锥度的结合面完成过盈，如主轴与锥套的过盈配合。不同的锥度会影响圆锥结合面各方向受力大小，从而影响接触压力[27]。风电锁紧盘内环与外环的配合是典型的锥面过盈配合，以下通过设定锁紧盘最大与最小间隙尺寸，分析内环不同锥度对各结合面压力的影响规律。

通过对锁紧盘模型在锥度分别采用 2.6°、2.8°、3.0°、3.2°时计算分析，可得出以下结论，改变锥度对轴与轴套、轴套与内环结合面间所需最小压力无影响，对内环与外环结合面间所需最小接触压力有影响，但影响甚微（图 5.46）；改变锥度对轴与轴套、轴套与内环结合面间所允许最大接触压力无影响，对外环与内环结合面所允许最大接触压力有影响，随着内环锥度的增大，内环与外环结合面的最大接触压力线性降低，当锥度增大 0.2 时，最大接触压力减小约 0.42MPa（图 5.47）。

同时，由图 5.48 可以看出，拧紧螺栓，改变锥度对于在各结合面间产生的压力影响较大。相同条件下，拧紧螺栓，锥度越小，在各结合面间产生的压力越大；反之，锥度越大，各结合面间产生的压力越小。当内环锥度增大 0.2 时，轴与轴套结合面的压力减小 4.34～4.92MPa，轴套与内环结合面压力减小4.26～4.84MPa。

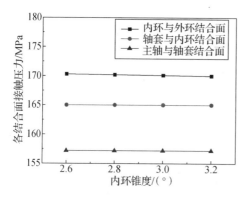

图 5.46　轴套校核各结合面所需最小接触压力与锥度的关系

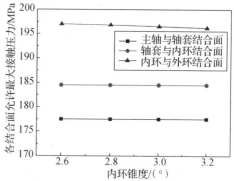

图 5.47　轴套校核各结合面允许最大接触压力与锥度的关系

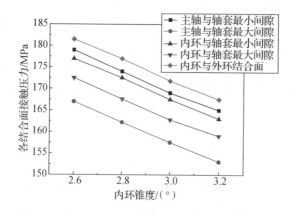

图 5.48　螺栓拧紧，各结合面压力与锥度的关系

5.7 装 配 次 数

有些多层过盈联接组件在工作过程中会定期拆卸，然后进行装配，若多层过盈联接各组件靠近内表面区域的应力达到材料的屈服极限，各组件内表面就会发生塑性变形，不能弹回，再次装配时可能达不到其所要求的性能[28]。另外，反复拆卸会导致结合面的粗糙度减小，摩擦系数降低，从而导致实际过盈量与设计过盈量存在偏差，对应力、接触压力的大小和分布产生影响。因此，多层过盈联接组件需要再次装配时，应考虑到上述因素对其性能造成的影响。

5.8 外 环 外 径

随着外环外径减小，各结合面上的正压力变化不大，当减少幅值在几厘米时接触压力基本保持不变，但是各结合面之间需要的最小过盈量有所增大。不同思路计算出来的结果相差不大。例如，在相同转矩下计算各结合面的过盈量，当外环直径减小 2mm 时，所需增加的最小过盈量直径，各结合面间仅为 $\Delta_{主轴-轴套} \approx 0.002mm$ ，$\Delta_{轴套-内环} \approx 0.003 \sim 0.004mm$ ，$\Delta_{内环-外环} \approx 0.004 \sim 0.005mm$ 。显然，外环外径的减少对结合面的影响是由内向外逐渐明显，即对内环和外环结合面的过盈量影响稍大，对主轴和轴套结合面的过盈量影响稍小。

5.9 安 全 系 数

在内环与外环圆锥过盈配合中，参考《机械设计手册》[29]，根据连接强度要求，设定安全系数 $\beta = 1.5 \sim 3$ 。如果增大安全系数，各结合面间的压力和过盈量都增大，内环可推进的行程增大，但是可能不需要推进最大的行程就能够满足主轴传递的额定转矩。如果内环按照安全系数为 1.5 时的推进行程，则强度较低的轴套可能发生塑性变形。在螺栓拧紧力矩为 1640N·m 的计算中，设定 $\beta = 1.5$ 已能满足主轴传递 2800kN·m 要求。

参 考 文 献

[1] 王建梅，陶德峰，黄庆学，等. 多层圆筒过盈配合的接触压力与过盈量算法研究[J]. 工程力学，2013，30（9）：270-275.

[2] 陶德峰. 多层圆筒过盈连接设计方法及试验研究[D]. 太原：太原科技大学，2013.

[3] 王建梅，陶德峰，唐亮，等. 加工偏差对风电锁紧盘性能的影响分析[J]. 机械设计，2014，31（1）：59-63.

[4] 王建梅，陶德峰，唐亮，等. 风电锁紧盘组件过盈配合量的计算与优化设计软件 V1.0：2011SR048821[Z].

[5] 王建梅，侯成，陶德峰，等. 一种确定锁紧盘内环与外环接触面尺寸的方法：201110087010.X[P]. 2011-11-02.

[6] 王建梅，康建峰，侯成，等. 一种确定风电锁紧盘过盈量的方法：201110087018.6[P]. 2011-08-17.

[7] 刘宝庆，董惠敏. 基于曲面模型的过盈连接的研究[J]. 中国机械工程，2009，20（8）：941-945.

[8] TRUMAN C E, BOOKER J D. Analysis of a shrink-fit failure on a gear hub/shaft assembly[J]. Engineering Failure Analysis, 2007,14(4): 557-572.

[9] LANOUE F, VADEAN A, SANSCHAGRIN B. Finite element analysis and contact modelling considerations of interference fits for fretting fatigue strength calculations[J]. Simulation Modelling Practice and Theory, 2009, 17(10): 1587-1602.

[10] WANG J M, NING K, TANG L, et al. Modeling and finite element analysis of load-carrying performance of a wind turbine considering the influence of assembly factors[J]. Applied Sciences, 2017, 7(3): 298-232.

[11] 王建梅，宁可，白泽兵，等. 一种校核风电锁紧盘设计尺寸的方法：201710606958.9[P]. 2017-11-28.

[12] 王建梅，陶德峰，康建峰，等. 一种校核风电锁紧盘强度的方法：201110175396.X[P]. 2011-12-28.

[13] WANG H, HU W, ZHAO F. Numerical simulation of quasi-static compression on a complex rubber foam[J]. Acta Mechanica Solida Sinica, 2017(3): 285-290.

[14] WANG J M, KANG J F, TANG L. Theoretical and experimental studies for wind turbine's shrink disk[J]. Proceedings of the Institution of Mechanical Engineers, Part C: Journal of Mechanical Engineering Science, 2014, 229(2): 325-334.

[15] 宁可，王建梅，耿阳波，等. 考虑螺栓扭紧力矩的锁紧盘新型设计方法[J]. 重型机械，2019（1）：66-71.

[16] 王建梅，黄庆学，侯建亮，等. 热连轧机工作辊轴承座的热应力研究[J]. 轴承，2002（1）：1-4.

[17] 李维特，黄宝海，毕仲波. 热应力理论分析及应用[M]. 北京：中国电力出版社，2004.

[18] 罗哉，费业泰. 形状因素对精密技术中零件热变形的影响[J]. 机械工程学报，2009，45（1）：235-238.

[19] 王建梅，唐亮，张亚南，等. 一种考虑温度影响计算过盈量的方法：201310219677.X[P]. 2013-10-23.

[20] 齐冲. 铝合金圆筒结构淬火残余应力形成及分布规律研究[D]. 哈尔滨：哈尔滨工业大学，2015.

[21] 杨世铭，陶文栓. 传热学[M]. 北京：高等教育出版社，2008.

[22] 唐亮. 风电锁紧盘的算法优化与分析研究[D]. 太原：太原科技大学，2014.

[23] 李祖辉. 大型透平膨胀机转子动力学分析及叶轮强度分析[D]. 杭州：浙江大学，2006.

[24] 徐俊良，王建梅，宁可，等. N层过盈联接结合压力算法研究[J]. 工程设计学报，2017，24（1）：83-88.

[25] BAI Z B, WANG J M, NING K, et al. Contact pressure algorithm of multi-Layer interference fit considering centrifugal force and temperature gradient[J]. Applied Sciences, 2018, 8(5): 1-12.

[26] SEIFI R, ABBASI K. Friction coefficient estimation in shaft/bush interference using finite element model updating[J]. Engineering Failure Analysis, 2015, 57: 310-322.

[27] 王钰文，丁俊，李小彦，等. 圆锥面过盈配合微动损伤的机理研究[J]. 机械设计与研究，2016（5）：139-143.

[28] 梁文超. 凸轮轴热套/滚花装配连接强度与疲劳寿命仿真研究[D]. 长春：吉林大学，2015.

[29] 成大先. 机械设计手册. 单行本. 连接与紧固[M]. 5版. 北京：化学工业出版社，2010.

第6章 多层过盈联接设计实例数值模拟

基于有限元的基本思想，利用有限元模拟软件 ABAQUS 分别模拟厚壁圆筒、过盈联接与多层过盈联接 3 种结构，提取 Von Mises 应力、接触压力与承载转矩结果参数，对比前文对多层过盈联接算法的推导，比较有限元模拟值与解析算法值，验证设计方法的准确性和可靠性。

6.1 有限元法简介

6.1.1 有限元基本思想

有限元法是求解数学中偏微分方程近似解的一种数值方法。在求解过程中，全部问题区域需要剖析。每一个子区域变为一个简略的小部分，即被称为有限元。其使用变分的方法来最小化误差函数并产生稳定的解决方案[1]。类似于将多条细小直线连接到一个圆的想法，有限元方法将很多简略的方程联系在一个称为有限元的小区域中，用来估量较大区域的繁杂方程。其解域由很多小的互连子区域构成，为每个元素假定一个合适的（简单的）近似解，然后推导出该领域的全部满足条件来解决问题[2]。在力学模型中，连续的对象被离散化为有限个数的单元。单元仅在有限个数的节点上相毗邻，并且在节点上引入等效力，而不是实际作用于单元上的外力。按照模块类似的思想，每一个单元选择一个简单函数来表示内部位移分布规律，根据弹性理论中的能量原理（或变分原理）创建单元节点与节点位移之间的关系。最后，将全部单元联系起来，获得一组节点位移为未知数的代数方程组。求解这些方程可以在物体上的有限数量的离散节点上获得位移[3]。

有限元分析思路归纳为以下 4 个部分[4]：

1）物体离散化，即将一定的工程构造离散化为由各单元构成的计算模型，离散化的单元与单元之间的单元节点相互连接。

2）选择位移模式，即对象或结构被离散化后，单元中的一些物理量，如位移、应变和应力可以用节点位移来表示。此时，单元中的位移分布可以用类似原函数的近似函数来表示。通常，在有限元方法中，位移表达为坐标变量的简单函数，该功能被称为位移模式或位移功能。

3）分析力学性质，按照单元的材料属性、形状、大小、节点个数、位置和含义等，找出单元节点力与节点位移之间的关系，这是单元分析的关键步骤。此时，有必要应用弹性力学中的几何和物理方程来建立力和位移的方程，从而导出单元刚度矩阵。

4）求等效节点力，对于一个实际的连续体，力从一个单元的共同边界传递到另一个单元。作用于单元边界的表面力、体积力和集中力必须等效地传递到节点，即等效的节点力用于替代作用在单元上的所有力。

6.1.2　ABAQUS 简介

ABAQUS 可以分析复杂的固体力学和结构力学系统，模拟复杂的大型模型，处理非线性问题，具有强大的分析能力和复杂模拟系统的高可靠性[4]。对于大多数的模拟，用户仅需提供结构的基本参数，如几何形状、材料特性、边界条件和载荷工况等工程参数，就能够获得较为精确的计算结果。在非线性分析中，可以自动选择适合的载荷增量和收敛标准，并在分析过程中不断调整参数值，以确保准确的解决方案。用户可以通过定义一些参数来控制问题的数值解决方案。

ABAQUS 分析功能主要包括动态分析、静态应力/位移分析、非线性动态应力/位移分析、黏弹性/黏塑性响应分析、热传导分析、耦合分析、疲劳分析、瞬态位移耦合分析、设计灵敏度分析等。ABAQUS 包含前后处理模块 ABAQUS/CAE 和两个主求解器模块 ABAQUS/Standard 与 ABAQUS/Explicit，同时还包括专用模块，如 ABAQUS/Aqua、ABAQUS/Design、MOLDFLOW 接口和 ADAMS 接口等。以下简要介绍部分模块。

1）ABAQUS/CAE 是 ABAQUS 的交互图形环境，用户可以更加简便地创建模型，定义部件载荷、边界条件、材料特性等参数，从而划分出理想网格，检验所创建的分析模型，提交、监视和控制分析作业，然后使用后处理模块提取和分析计算结果。ABAQUS/CAE 提供基于特征的参数化建模方式的有限元前处理程序，用户可以通过拉伸、旋转、扫掠、倒角和放样来创建参数化几何，还可以从各种通用 CAD 体系中导入几何图形，使用参数化建模的方式进行进一步编辑。

2）ABAQUS/Standard 是 ABAQUS 的一个通用分析模块，可以解决和分析线性与非线性问题，包括静态、动态分析和繁杂的非线性耦合物理场分析。在解决方案的每一个增量过程中，可以隐式求解方程组，并提供并行稀疏矩阵求解器，可以快速可靠地求解各种大规模计算问题。

3）ABAQUS/Explicit 模块可以执行显式的动态分析，适用于解决繁杂的非线性动态问题和准静态问题，特别适用于模拟动态事件，如爆炸和撞击；另外，还能够有效地处理接触条件变化的高度非线性问题。

4）ABAQUS/Design 扩展了 ABAQUS/Standard 在设计灵敏度分析中的运用，对了解设计行为并预测设计变更的影响特别有效，并可用于分析设计响应，如位移、应力和应变、反作用力、单元体积、接触压力和特征频率。设计参数包括弹性或超弹性材料属性、方向、节点坐标、截面属性和横向剪切刚度等。模型可以包括较小的有限滑动接触，且其摩擦系数与设计参数相关。

5）ABAOUS/Viewer 是 ABAQUS/CAE 的子模块，包含 ABAQUS/CAE 的 visualization 模块的后处理功能。

6.1.3　ABAQUS 的接触问题

1.　接触问题的特点

很多工程问题涉及两个或多个部件之间的接触，如齿轮啮合、法兰连接、密封、板带成型、冲击等。当两个物体彼此接触时，两个物体受到垂直于接触表面的力。接触表面上存在的摩擦力会产生剪应力，从而阻止物体的切向运动。通常接触模拟的目的是确定结合面积并计算接触压力[5]。

根据接触体的材料性质，接触问题分为弹性物体的接触、塑性物体的接触、黏弹性物体的接触、可变形固体与液体的接触。接触问题属于典型的非线性问题，存在两个难点：①在有限元分析中，接触条件是一类特殊的不连续约束，允许力从模型的一部分传递到另一部分。只有当两个表面发生接触时才会有约束产生，当两个结合面分开时，约束作用便消失，这种约束属于不连续约束。因此，有限元分析必须能够判定两个表面何时分开并解除接触约束。②接触问题大多涉及摩擦计算。摩擦与路径有关，并且摩擦响应有可能非常杂乱，导致求解难以收敛[6]。

2.　接触模拟功能

结合面相互作用的定义包括摩擦系数等参数。其中，结合面分为 3 类：由单元形成的柔体结合面或刚体结合面、由节点形成的结合面及分析刚体结合面。使用 ABAQUS/Explicit 进行接触模拟时，可以选择常规接触算法或接触对算法。通常定义一个接触模拟只需指定接触算法和接触发生的表面。在某些情况下，当默认的接触设置不满足需求时，可以指定其他方面的参数。

3.　接触相互作用

ABAQUS 模拟分析通过赋予相互接触作用面的名字来定义两个面之间可能存在的接触。定义时必须指定滑移量是"小滑移"，还是有限滑移。对于一个点与一个表面的接触问题，只要该点的滑移量不超过一个单元的尺度，即可认定为"小滑移"。每个相互接触作用面之间必须调用接触属性，这与每个单元必须调用单元属性的方式相同。接触属性包括摩擦的本构关系。

4.　主面和从面

ABAQUS/Standard 使用简单的主从接触算法，即面部节点不能侵入主面的任何部分，但主面可以侵入从面。定义主、从面时需要注意：①刚度较大的面应作为主面，需要考虑材料特性和结构的刚度。另外，解析面或由刚度单元构成的面必须作为主面，从面必须是柔体上的面。②当两个结合面的刚度接近时，应选择网格较粗的面作为主面。③两个结合面的节点位置不需要一一对应，如果一一对应的话，可以得到更加精确的结果。④主面必须连续，不能是由节点构成的面。对于有限滑移，主面在发生接触的区域必须光滑。⑤对于存在很大的凹角或尖角的接触区域，需要将其分别定义为两个面。⑥对于有限滑移，尽量避免从面节点落到主面之外，否则容易导致收敛问题。⑦一对结合面的法线方向应该相反。

6.2　厚壁圆筒的数值模拟

6.2.1　ABAQUS 建模步骤

1. 模型的建立

圆筒载荷作用下的位移、应变和应力对称于被包容件中心线，同一直径上的尺寸、受载情况相同。因此，可将模型简化为二维轴对称问题，从而大大降低模型的规模，缩短计算时间。模拟时只需设定一组内径不同、外径与压力相同的情况，另外一组外径不同、内径与压力相同的情况进行模拟。

2. 材料属性与网格划分

圆筒材料的弹性模量为 210GPa，泊松比为 0.3，网格划分的质量和数量对计算结果有重要影响。随着网格数量的增加，模型所得到的计算结果趋于一个唯一解。模型网格数量越多，计算结果越精确，但当网格数量达到一定程度时，由于对精度的提高作用有限，计算规模会急剧提高。实例模型在划分网格时采用 Quad-dominated，即网格中主要使用四边形单元，圆筒的种子尺寸为 1mm。模型网格划分如图 6.1 所示。

3. 边界条件与载荷的确定

边界条件分为一端约束与无约束，由于圆筒外表面施加外压不同，尺寸参数相同，因此为模拟多组数据。模型边界条件设置如图 6.2 所示。

图 6.1　模型网格划分图　　　　　图 6.2　模型边界条件设置

4. 单元类型的选择

网格生成之前应先考虑单元类型。选择单元类型时，必须考虑模型的几何形状、所研究问题的变形类型和外部载荷的施加等多方面因素。对于文中的二维轴对称模型，最合适的单元类型为二维轴对称减缩积分单元 CAX4R。

6.2.2　结果与讨论

经过以上建模步骤，得出如图 6.3 所示的圆筒径向位移变化量有限元模拟结果。由于受压圆筒径向位移与应力均在圆筒内表面，因此分别对比在不同压力、不同内径与不同外径条件下的模拟数据与理论公式计算数据。对比结果如表 6.1～表 6.3 和图 6.4 所示。

图 6.3　圆筒径向位移变化量

表 6.1　不同外压下圆筒径向位移

外压/MPa	模拟值/mm	理论值/mm	模拟值与理论值绝对误差/mm	模拟值与理论值相对误差/%
140	1.1825	1.1900	0.0075	0.63
145	1.2245	1.2325	0.0080	0.65
150	1.2664	1.2750	0.0086	0.67
155	1.3083	1.3175	0.0092	0.70
160	1.3502	1.3600	0.0098	0.72
180	1.5176	1.5300	0.0124	0.81
190	1.6012	1.6150	0.0138	0.85
200	1.6847	1.7000	0.0153	0.90
210	1.7682	1.7850	0.0168	0.94
220	1.8514	1.8700	0.0186	0.99
230	1.9347	1.9550	0.2030	1.04
240	2.0179	2.0400	0.0221	1.08
270	2.2670	2.2950	0.0280	1.22
290	2.4327	2.4650	0.0323	1.31

表 6.2　不同内径圆筒的径向位移

类别内径/mm	内半径变化量无约束/mm	内半径变化量一端约束/mm	内半径变化量理论计算/mm	一端约束与理论计算绝对误差/mm	一端约束与理论计算相对误差/%
500	1.13528	1.13315	1.14603	0.01288	1.12
520	1.35021	1.35016	1.36001	0.00985	0.72
540	1.65129	1.65129	1.66617	0.01488	0.89

表 6.3　不同外径圆筒的径向位移

类别外径/mm	内半径变化量无约束/mm	内半径变化量一端约束/mm	内半径变化量理论计算/mm	一端约束与理论计算绝对误差/mm	一端约束与理论计算相对误差/%
620	1.54507	1.54501	1.55858	0.01357	0.87
640	1.35021	1.35016	1.36001	0.00985	0.72
660	1.21105	1.21103	1.21879	0.00776	0.64

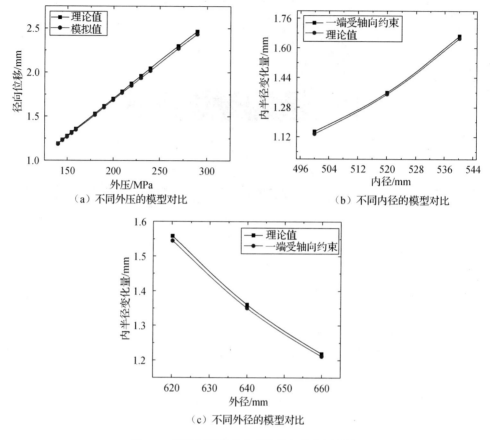

（a）不同外压的模型对比

（b）不同内径的模型对比

（c）不同外径的模型对比

图 6.4　厚壁圆筒求位移理论值与数值解对比

　　表 6.1～表 6.3 和图 6.4 数据显示，厚壁圆筒的理论计算方法较为精确，相对误差小于 2%。另外，圆筒的径向位移与外压力、圆筒的内径成正比，与圆筒的外径成反比，而且在建模过程中圆筒两端约束的施加对结果影响较小。

6.3　单层过盈联接数值模拟

6.3.1　ABAQUS 建模步骤

1. 模型的建立

　　本问题与圆柱过盈联接圆筒问题相同，可将其简化为二维轴对称问题。模型中各尺寸参数：被包容件内径为 40mm，平均结合面直径为 85mm，包容件外径为 140mm，配合长度为 80mm。

2. 材料属性与网格划分

　　被包容件与包容件材料的弹性模量均为 210GPa，泊松比均为 0.3，该模型在划分网格时也采用 Quad-dominated，被包容件与包容件的种子尺寸为 1mm。模型网格划分如图 6.5 所示。

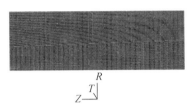

图 6.5　模型网格划分图

3. 单元类型的选择

对于本问题的二维轴对称模型，单元类型选定为二维轴对称减缩积分单元 CAX4R。

4. 结合面的定义

当通过施加轴向力产生过盈配合时，随着包容件的推进，在结合面处发生过盈。Penalty 摩擦公式应用于结合面[7,8]，接触对定义为 Surface-to-surface contact（面-面接触）的有限滑动，包容件与被包容件结合面（一般涂有二硫化钼润滑脂）的摩擦系数设定为 0.09。设置接触对时，通常选取刚度较大、网格较粗的结合面作为主面，选取刚度较小、网格较细的结合面作为从面，结合面接触设置理论计算出的过盈量为 0.101mm。

5. 边界条件与载荷的确定

为了得到径向过盈量，包容件两端在 Y 方向施加约束，被包容件两端也在 Y 方向施加约束。由于是圆锥过盈，故需要通过模拟机械压入的过程来达到过盈配合。

6. 定义分析类型及求解

采用隐式算法进行模拟。虽然其装配过程是一个动态过程，但该问题研究的不是瞬时冲击响应，而是当外环移动到不同位置时结构的静态响应，所以仍设置分析步类型为 Staic、General。由于装配过程是一个大位移问题，将 Nlgeom（几何非线性）设为 On。同时，设置增量步为固定值，最大增量步设为 0.02。

6.3.2　结果与讨论

包容件向被包容件移动 15.85mm 后，圆锥过盈结合面完全接触，得出有限元模拟的 Von Mises 应力结果如图 6.6 所示，被包容件与包容件的 Von Mises 应力理论与模拟值对比如图 6.7 和图 6.8 所示，过盈结合面接触压力对比如图 6.9 所示。Von Mises 是一种等效应力，当某一点的等效应力达到与应力应变状态无关的某一定值时，材料发生屈服破坏，构件发生失效。

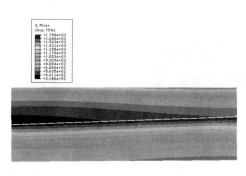

图 6.6　过盈联接 Von Mises 应力分布图

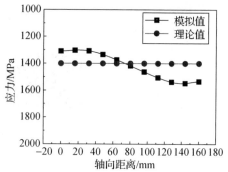

图 6.7　被包容件的 Von Mises 应力分布图

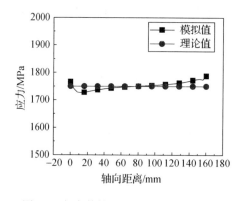

图 6.8　包容件的 Von Mises 应力分布图

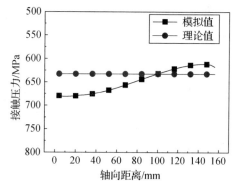

图 6.9　过盈结合面的接触压力对比图

由图 6.7～图 6.9 可以看出，在模型两端，Von Mises 应力与接触压力的模拟值与理论值误差差值较大，这是由于过盈联接边缘效应引起应力集中。因此，以中部区域的模拟结果为准，可以看出该区域的 Von Mises 应力与接触压力模拟值及理论值相差较小，上述方法可以用来进行过盈联接的计算。

6.4　多层过盈联接的数值模拟

6.4.1　研究对象与几何模型

多层过盈联接广泛应用于重型机械中，如风电锁紧盘、力矩限制器等[9]。为有效说明多层过盈联接的力学性能，本节以锁紧盘为例进行有限元模拟。

锁紧盘装配时的外环、内环、轴套和主轴各部件均为轴对称结构。按照轴对称问题处理可以将该问题简化为二维问题，从而大大降低模型的规模，缩短计算时间。由于本节主要研究锁紧盘的装配及主轴与轴套过盈接触引起的应力应变等，根据圣维南原理，可知过盈结合面的端部影响可以忽略，因此可以对工况的结构进行简化，对于主轴和轴套，仅取主轴与轴套接触的部位为模型，内环与外环长圆锥结合面为主要承载区，为了简化模型内环，忽略螺栓孔的影响[10]。根据本书所述设计方法设计单圆锥锁紧盘尺寸，建立二维轴对称模型。模型的基本尺寸参数见表 6.4。

表 6.4　模型的基本尺寸参数

尺寸变量	数值
主轴内径 d_0 /mm	60
主轴外径 d_1 /mm	520
轴套外径 d_2 /mm	640
外环外径 d_4 /mm	1020
内环短圆锥面长度 l_{3s} /mm	54
内环长圆锥面长度 l_{3l} /mm	210

6.4.2　材料属性与网格划分

1. 材料基本参数

内、外环和主轴材料的弹性模量为 210GPa，轴套材料的弹性模量为 180GPa，各组件材料的泊松比均为 0.3，屈服强度见表 6.5。

表 6.5　材料性能参数

组件	弹性模量/GPa	泊松比	屈服强度/MPa
外环	210	0.3	930
内环	210	0.3	785
轴套	180	0.3	835
主轴	210	0.3	930

2. 单元类型的选择

作为二维轴对称模型，最合适的单元类型为二维轴对称减缩积分单元 CAX4R。

3. 网格划分

由于外环和内环形状不规则，在划分网格时采用 Quad-dominated，即网格中主要使用四边形单元，但在过渡区域中允许使用三角形单元。外环、内环、轴套和主轴的种子尺寸分别为 8mm、4mm、8mm 和 8mm。模型网格划分如图 6.10 所示。

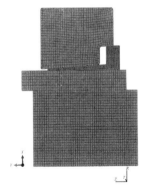

图 6.10　模型网格划分图

6.4.3　接触方式与摩擦系数

随着组装过程中外环的推进，接触表面连续地从外层过渡拉伸至内层，涉及多个部件的相互接触。各接触面均采用 Penalty 摩擦公式,将接触对定义为 Surface-to-surface contact 的有限滑动,内环与外环结合面(涂有二硫化钼润滑脂)之间的接触表面的摩擦系数设定为 0.09,轴套与内环结合面、主轴与轴套之间结合面的摩擦系数设定为 0.15[11]。设置接触对时通常选取刚度较大、网格较粗的接触面作为主面,选取刚度较小、网格较细的接触面作为从面,各结合面接触对的详细设置见表 6.6。

表 6.6　各结合面接触对主、从面的设置

结合面	主面	从面	摩擦系数
主轴与轴套	主轴	轴套	0.15
轴套与内环	轴套	内环	0.15
内环与外环	外环	内环	0.09

6.4.4　边界条件和载荷

在实际工况中,主轴轴向距离较大,输入轴左端连接行星架,在建模时对两者进行简化,即只考虑装配时涉及过盈联接的部分。装配时外环随着螺栓的拧紧向内周方向移动,内环本身并不移动。因此,轴向约束应用于内环的右端,固定端约束应用于轴套的左端和主轴的右端。位移载荷施加在外环上,使其沿负 Y 方向移动。装配完成后,外环向内移动 23mm,内环与外环结合面之间的过盈量为 2.474mm。模型边界条件设置示意图如图 6.11 所示[12]。另外,分析类型及求解的设置与前面分析相同,不再赘述。

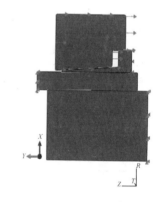

图 6.11　模型边界条件设置示意图

6.5　装配过程分析

本节主要分析有限元模拟装配过程中的参数分析,首先按照 6.4 节中的步骤建模,研究锁紧盘在装配过程中的过盈量与接触压力的关系,模拟在同一行程中,选取轴向方向各单元结果,计算平均值,然后分别计算出各行程下的结果平均值,最后做出推进行程分别与过盈量和接触压力的关系图。

6.5.1　FEM 模拟

1. 定义材料参数

本模型共有 4 个部件,分别进行定义,具体参数见表 6.7。

表 6.7　材料参数

部件名称	弹性模量/MPa	泊松比	密度/mm³
轴	2.06e5	0.3	7.85e-9
轴套	2.06e5	0.3	7.80e-9
内环	2.08e5	0.3	7.85e-9
外环	2.10e5	0.3	7.85e-9

注: 本模型质量单位为 t; 长度单位为 mm; 时间单位为 s; 力单位为 N; 应力单位为 MPa; 能量单位为 N·mm。

2. 网格划分

过盈量分析主要涉及接触件的径向变形, 对于径向的网格要求较高, 网格质量要求高于其他方向尺寸, 尤其是内环的网格。对所有体使用 Sweep (扫掠方式) 划分六面体网格, 计算精度较高。其中, 轴划分 91120 单元, 轴套划分 102000 单元, 内环划分 67200 单元, 外环划分 204750 单元。

具体的划分网格步骤是: ①将定义好的材料属性分别赋予不同的构件。②定义所有线的划分长度。③打开 Sweep, 选择起始面与目标面, 进行网格划分。

3. 定义接触

由于各个组件相互影响、相互作用, 需要在动力学中对所分析的问题定义接触, 首先要将划分好网格后的模型创建为不同的 Parts (部分), 进而根据所属的不同材料编号定义接触。所有接触均为面-面接触, 定义接触时设置动摩擦系数与静摩擦系数。

4. 定义约束

根据实际情况分析, 对模型施加以下约束: ①轴套的端面约束轴向自由度。②主轴的轴线约束其所有自由度。③外环的台阶处约束轴向自由度。④主轴的固定端约束轴向自由度 (不能全约束, 否则压力增大约 4 倍)。⑤截面处共 8 个面进行对称约束。

5. 定义载荷

对模型施加相应的自由度后, 对内环施加载荷。根据实际情况可知, 当内环越往里推进时, 推进难度越大。也就是说, 如果推进相同的距离, 所需的时间明显增加, 故载荷分阶段进行施加, 如图 6.12 所示。

6. 求解与输出控制

设置求解的总时间为 10s, 时间步长为 0.01s, 打开所有能量方程选项, 并且设置求解后处理文件为 LS-DYNA 文件, 输出 K 文件。运用 ABAQUS 动力学求解器进行求解。

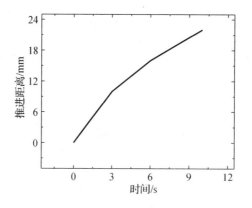

图 6.12　分阶段内环推进

7. 应力分布和位移分布云图

图 6.13 所示为内环推进过程中各结合面的应力分布和位移分布云图。

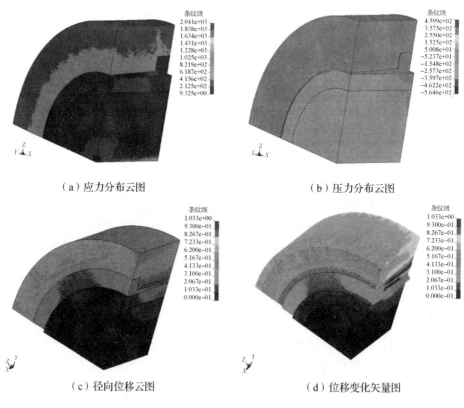

（a）应力分布云图　　　　　　　　　（b）压力分布云图

（c）径向位移云图　　　　　　　　　（d）位移变化矢量图

图 6.13　内环推进过程中各结合面的应力分布和位移分布云图

6.5.2 最小公差配合下的接触分析

1. 最小公差配合尺寸

本节设计的风电锁紧盘选用螺栓拧紧推进形式，以达到整体过盈配合的要求。该推进方式可以保证安装过程中各部件的对中性，又可以防止内环在推进过程中因径向剪切力而发生的翘曲变形。

针对有限元动态分析中难以模拟螺栓推进过程中的抗剪形式，从模拟的真实性及数据的可靠性方面出发，有必要对模型进行必要的改进。具体通过微调内环直径高端的径向尺寸，从而改善轴套与内环接触表面因翘曲变形而产生的局部应力过大现象。同时考虑内环直径大端与对应的外环结合面的过盈配合，在保证足够过盈的前提下，通过模拟实验确定内环直径大端表面尺寸下调 0.7mm（半径），模拟结果相对理想。

2. 推进行程与过盈量的关系

在各结合面上选取 8 组对应轴线，对每组对应轴线提取过盈量值，并通过合理方法得出每组轴线的平均过盈量，按照以上方法计算出各推进行程的过盈量。绘制各结合面推进行程与过盈量的关系，如图 6.14 所示。

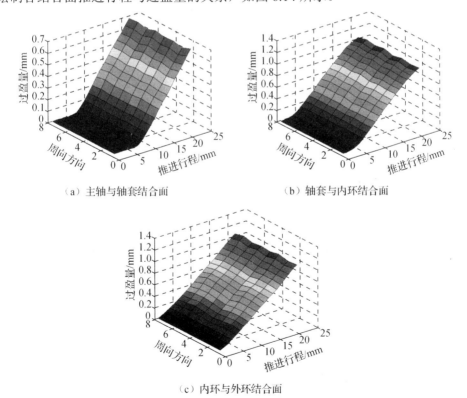

（a）主轴与轴套结合面　　　　　　（b）轴套与内环结合面

（c）内环与外环结合面

图 6.14　各结合面推进行程与过盈量的关系

　　从图 6.14 可知，图 6.14（a）开始推进至 6mm 左右时，几乎没有产生过盈量。同理，图 6.14（b）中轴套与内环的结合面在从 0mm 推进至 2mm 左右时发生过盈配合，各结合面间的过盈量随推进行程平缓增加，单一曲面过盈量的增长幅值相近，推进行程存在一定的线性关系。可以看到，在同一行程下结合面的周向过盈量几乎相同，说明过盈联接在结合面间产生的过盈量较为均衡，结合的定心性好，不会产生应力集中的现象，避免了对结构强度造成破坏。

　　对比图 6.14 中各图可知，内环与外环、轴套与内环之间的过盈明显大于主轴与轴套之间的过盈量。所以，在选取主轴与轴套之间的过盈量时，要保证内环与外环、轴套与内环之间的过盈量不超过材料许用的最大过盈量值[13]。

　　图 6.15 给出了各结合面的等值线图，可以得知在同一行程下各结合面的过盈量变化很小，而且与推进行程的变化幅度基本一致。为了观察方便，给出螺栓内环各结合面推进行程与过盈量关系的二维图（图 6.16）。把不同结合面的推进行程与过盈量关系合于一处，有助于更好地比较推进行程与不同结合面过盈量的关系。

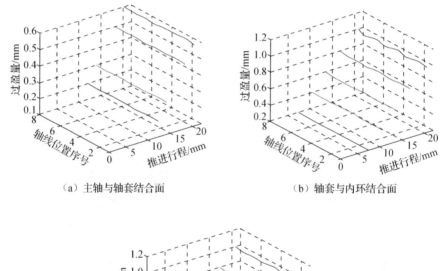

（a）主轴与轴套结合面　　　　　　　　　（b）轴套与内环结合面

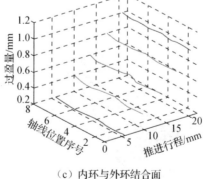

（c）内环与外环结合面

图 6.15　各结合面过盈量的等值线图

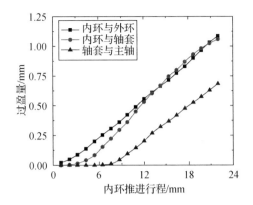

图 6.16　螺栓内环各结合面推进行程与过盈量的关系

图 6.16 中数据点为接触表面过盈量的平均值，通过上述分析，证实了图 6.16中数据可以代表接触表面的过盈量。内环与外环、内环与轴套的过盈量明显大于主轴与轴套的过盈量，选取主轴与轴套的过盈量时，需要保证内环与外环、内环与轴套的过盈量不超过材料许用的最大过盈量值。

内环与轴套的过盈量在行程 14.0～20.5mm 范围内比内环与外环的过盈量稍大，但相差最大值不超过 0.03mm（半径方向）。由于无法准确模拟螺栓抗剪特征，同时剪切力又会对内环与轴套结合面的变形有明显影响，并且这一特征并不影响整体过盈量取值，可以理解为两处结合面过盈量相近，对于合理选取内环推进行程距离，从而保证工作所需的过盈量很重要。

通过图 6.16 中推进行程可以得到各结合面相应的过盈量值，同样选取合适的过盈量后也可以查阅得到需要推进的行程。从图 6.16 中得知推进行程与过盈量的关系具有明显的线性关系，可以借助拟合算法对推进行程-过盈量关系进行数字转化，进而得到平滑曲线，更便于编程求解。

以此为例，对推进行程与过盈量的关系进行拟合。

（1）主轴与轴套结合面

一次拟合：$y = p_1 x + p_2$；

拟合系数：$p_1 = 0.035935$，$p_2 = -0.17705$；

二次拟合：$y = p_1 x^2 + p_2 x + p_3$；

拟合系数：$p_1 = 0.0015992$，$p_2 = -0.028056$，$p_3 = -0.0010056$；

三次拟合：$y = p_1 x^3 + p_2 x^2 + p_3 x + p_4$；

拟合系数：$p_1 = -0.00012365$，$p_2 = 0.0058835$，$p_3 = -0.041565$，$p_4 = 0.059381$。

（2）轴套与内环结合面

一次拟合：$y = p_1 x + p_2$；

拟合系数：$p_1 = 0.057588$，$p_2 = -0.1747$；

二次拟合：$y = p_1 x^2 + p_2 x + p_3$；

拟合系数：$p_1 = 0.0003859$，$p_2 = 0.048674$，$p_3 = -0.13875$；

三次拟合：$y = p_1 x^3 + p_2 x^2 + p_3 x + p_4$；

拟合系数：$p_1 = -0.00018701$，$p_2 = 0.0068659$，$p_3 = -0.012673$，$p_4 = -0.0064967$。

（3）内环与外环结合面

一次拟合：$y = p_1 x + p_2$；

拟合系数：$p_1 = 0.052314$，$p_2 = -0.082968$；

二次拟合：$y = p_1 x^2 + p_2 x + p_3$；

拟合系数：$p_1 = 0.00031437$，$p_2 = 0.045052$，$p_3 = -0.053678$；

三次拟合：$y = p_1 x^3 + p_2 x^2 + p_3 x + p_4$；

拟合系数：$p_1 = -2.5368 \times 10^{-5}$，$p_2 = 0.0011934$，$p_3 = 0.03673$，$p_4 = -0.035739$。

各结合面的过盈量（直径）理论计算值范围：主轴与轴套结合面的过盈量为 1.057～1.254mm，轴套与内环结合面的过盈量为 1.423～1.840mm，内环与外环结合面的过盈量为 1.500～1.900mm。图 6.16 中对应的推进行程是：主轴与轴套结合面的推进行程为 18.74～20.84mm，轴套与内环结合面的推进行程为 14.933～18.532mm，内环与外环结合面的推进行程为 16.098～19.597mm。

综合考虑理论计算值和有限元模拟值，在误差允许的情况下，选择本次设计要求的推进行程为 18.5～19.0mm。综合考虑螺栓推进时内环与外环的过盈量为 1.781～1.791mm，相对应的行程为 20.57～20.67mm，选定推进行程为 18.7mm 和 20.46mm 作为典型算例，分析各结合面间接触应力和过盈量的分布规律。

3. 同一行程过盈量的分布

图 6.17 给出了推进行程为 18.7mm 时各结合面的过盈量分布图。

从图 6.17 可以看出，不同结合面的最大过盈处都出现在轴向的中区，也可以说是内环直径大端与小端结合处截面的略前方。说明此处容易产生应力集中。

本节设计的主要过盈配合区域集中在内环直径小端截面处，分析时着重考虑前端 7 个节点所在区域的过盈量变化情况。

建议按照以下方法最终确定推进行程：

1）主轴与轴套结合面的轴向过盈量变化率和周向过盈量的等值性在图 6.17 所示的三幅分布图中相对最稳定。可以通过实际工况确定需要满足的过盈量区域比例，最后确定图 6.17（c）在推进行程 18.7mm 时的过盈量分布图（内环与外环），继而判定该推进行程是否满足工作要求。

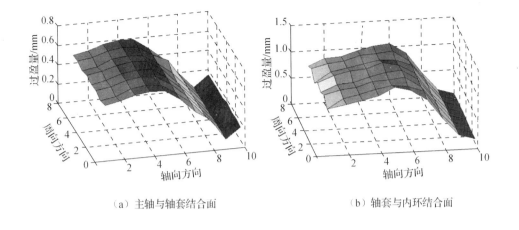

（a）主轴与轴套结合面　　　　　　　　　　　　　（b）轴套与内环结合面

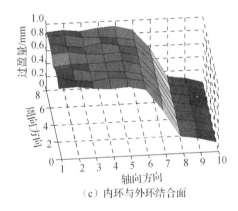

（c）内环与外环结合面

图 6.17　推进行程为 18.7mm 时各结合面的过盈量分布图

2）轴套与内环结合面在节点 5～6 附近区域过盈量值偏大，导致平均过盈量值偏大，为降低此处对整体的影响，可以按照 1）的方法确定比例后再适当增加比例，最后确定该推进行程是否满足工作要求。

3）内环与外环在前 6 个节点区域内的轴向过盈量值比较相近，可以认为此段结合面的过盈量值可以代表内环与外环的过盈量。通过计算该段过盈量的平均值确定该推进行程是否满足工作要求。

图 6.18 给出了推进行程为 20.46mm 时各结合面的过盈量分布图。

另外，还应考虑到以上各图在内环直径大端截面处过盈量很小，影响整个接触表面在实际工作中的过盈效果。根据图样尺寸，此处截面的表面面积约占整体表面面积的 20%。在材料性能允许的前提下，应该考虑提高所需过盈量的数值。根据上述面积比例建议提高 15%左右，即主轴与轴套结合面的过盈量为 1.216～1.442mm，轴套与内环结合面的过盈量为 1.331～2.116mm，内环与外环结合面的过盈量为 2.025～2.185mm。

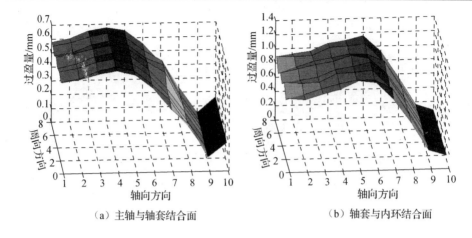

（a）主轴与轴套结合面 　　　　　（b）轴套与内环结合面

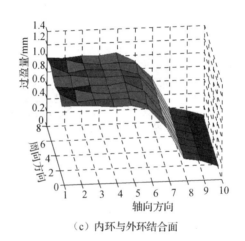

（c）内环与外环结合面

图 6.18　推进行程为 20.46mm 时各结合面的过盈量分布图

对照图 6.16 得到相应的推进行程，主轴与轴套结合面的推进行程为 20.4～22.0mm，轴套与内环结合面的推进行程为 14.28～20.6mm，内环与外环结合面的推进行程为 20.3～22.0mm，共同范围为 20.4～20.6mm。

对比修正后的过盈量分布图，依然按照最终确定推进行程的 3 种方法来验证是否满足工作要求，同时在验证中还应增加过盈量区域比例的上限，以确保材料能够安全使用。

4. 推进行程与接触压力的关系

接触压力是锁紧盘的重要参数。如果接触压力不能达到设计值，接触表面之间可能发生滑移。装配间隙同样会影响外环与内环结合面之间的过盈量，从而影响各结合面间接触压力的大小和分布。图 6.19 为推进行程与接触压力的关系。

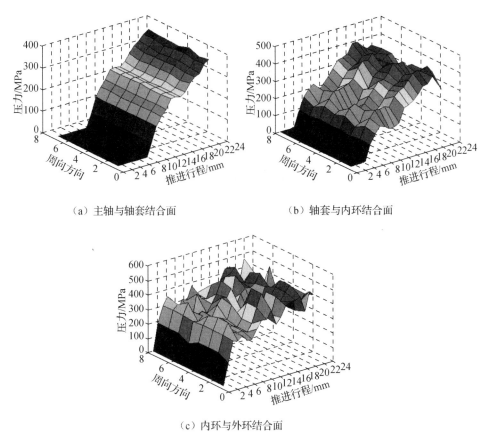

（a）主轴与轴套结合面　　　　　　　　　（b）轴套与内环结合面

（c）内环与外环结合面

图 6.19　推进行程与接触压力的关系

从图 6.19（a）可以看出，主轴表面压力随着推进行程的增加而大幅度增大，压力增长率却保持在一个稳定的范围内。说明在内环推进过程中，主轴表面受到的压力呈线性增长，而且不会出现压力不均或突变的现象，整体受压效果良好。

从图 6.19（b）可以看出，随着推进行程的增加，轴套压力呈逐渐增大的趋势，但增长幅度起伏不定，其沿圆周方向也呈周期性变化。从图 6.19（c）中可知，随着推进行程的增加，压力变化幅度较大，周向方向的压力变化幅度也较大，整体压力分布不规律。图 6.19（b）与（c）表现出的接触压力起伏现象与内环推进过程中上下结合面间首次发生弹性变形和弹性回缩有着一定的关系。轴套的重要作用是缓冲主轴所承受的压力，主轴表面受到的压力会保持稳定的增长。

压力随着推进行程变化不稳定，但是增长趋势的变化一致。为了更清晰地观察这一规律，整理得到压力随推进行程变化的二维关系图，如图 6.20 所示。可以根据具体行程下的压力趋势变化，粗略判断该行程的压力范围，并分析比较具体行程下不同结合面的压力关系。

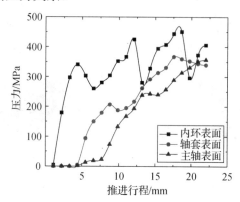

图 6.20　不同表面推进行程与压力的关系

从图 6.20 可以得到如下规律：①主轴表面的压力稳定增加，基本不存在弹性回缩的现象，最大压力出现在最大推进行程处。②轴套表面的压力基本保持稳定上升的趋势，只出现了两次弹性回缩的缓冲区，最大压力有可能并不出现在最大推进行程处。③内环表面压力在推进过程中呈折线上升趋势，因此对外环和内环的材料性能提出了更高的要求。

从图 6.20 可以得知，不同结合面的压力随着推进行程增加，整体趋势逐渐增大，并且内环与外环结合面的压力大于内环与轴套结合面的压力，内环与轴套结合面的压力又大于主轴与轴套结合面的压力。

从图 6.20 还可以得知，内环和外环表面压力大，变化幅度也大。建议选取外环外径尺寸时，不仅要考虑满足过盈量要求，也要考虑推进行程与各接触表面压力的关系。考虑弹性变形幅度对整体的影响，外环受交变力作用后抗变形能力会变弱，材料的安全性能会下降。

总体而言，有限元模拟的压力结果比理论解析值大，分析结果与有限元设定的单元属性有关。实际情况要比模拟值小，模拟的压力值只要不超过材料的许用压力即可。选取压力值时应与理论解析值做比较，合理选取。

5. 同一行程压力的分布

图 6.21 给出了推进行程为 20.46mm 时不同表面的压力分布。

从图 6.21（a）中观察到主轴表面压力分布比较稳定，主要过盈区域的压力值波动范围不大；从图 6.21（b）中观察轴套表面压力分布，虽然轴向方向压力波动范围大，但整体变化趋势大体一致，可得到压力的取值范围。同时可以得知，最大压力出现在内环直径大端与小端结合处截面的略前方。图 6.21（c）表明内环接触边缘处出现了较大应力，建议此处不仅需要加工倒角，而且应该进一步精加工及表面热处理，以保证材料的强度。在内环直径大端与小端结合处截面的前方同样出现了应力集中现象。

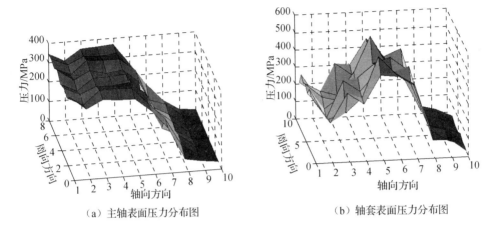

（a）主轴表面压力分布图　　　　　　　（b）轴套表面压力分布图

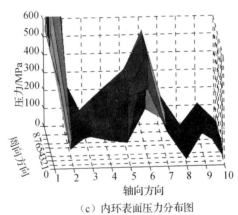

（c）内环表面压力分布图

图 6.21　推进行程为 20.46mm 时不同表面的压力分布

6.5.3　最大公差配合下的接触分析

1. 最大公差配合尺寸

最大公差配合尺寸下得到的过盈量、压力规律与最小公差配合尺寸下得到的规律基本相同。在图中选取过盈量和压力的方法也基本一致。

（1）模型改进

根据前述的观点，在最大公差配合尺寸模型下，通过模拟实验确定内环直径大端表面尺寸下调 0.5mm（半径）。

（2）不同推进行程与过盈量的关系

图6.22所示为不同结合面推进行程与最大过盈量的关系。

由图6.22可知，主轴与轴套结合面的过盈量存在起始零增长区，表明在最大公差配合尺寸模型下，主轴与轴套的过盈配合是在内环推进8.5mm左右时才发生。图6.22（a）表明在最大公差配合尺寸模型下，轴套与内环的过盈配合是在内环推进2mm左右时发生。

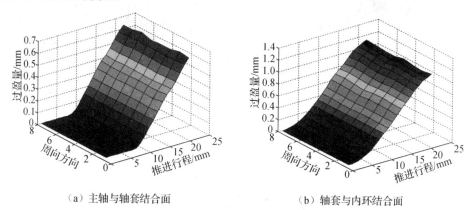

（a）主轴与轴套结合面　　　　　　　　　　（b）轴套与内环结合面

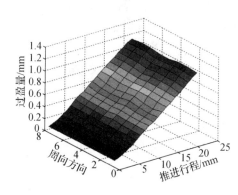

（c）内环与外环结合面

图6.22　不同结合面推进行程与最大过盈量的关系

从图6.22可以得出具体行程时的过盈量数值。同样，可以列出相应的等值线图，如图6.23所示。通过对等值线的观察，同一行程下的过盈量可用平均值表示，为准确方便地总结规律，拟合二维推进行程与过盈量关系图，如图6.24所示。

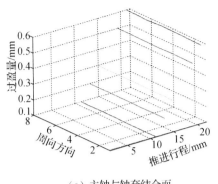

（a）主轴与轴套结合面

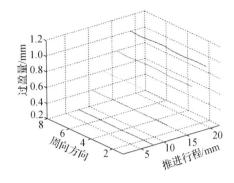

（b）轴套与内环结合面

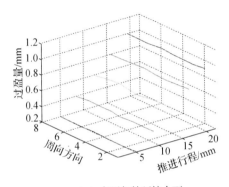

（c）内环与外环结合面

图 6.23　不同结合面的过盈量等值线图

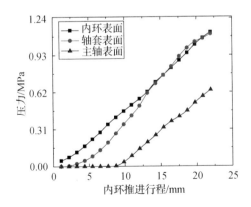

图 6.24　推进行程与过盈量的关系

　　上述结论与最小公差配合尺寸模型所得结果一致，内环与外环、内环与轴套过盈量大于主轴与轴套过盈量，选取主轴与轴套的过盈量时，要确保内环与外环、内环与轴套的过盈量不超过材料许用的最大过盈量值。

以此为例，对推进行程与过盈量的关系进行拟合。

1）主轴与轴套结合面的过盈量：

一次拟合：$y = p_1 x + p_2$；

拟合系数：$p_1 = 0.032839$，$p_2 = -0.17665$；

二次拟合：$y = p_1 x^2 + p_2 x + p_3$；

拟合系数：$p_1 = 0.001912$，$p_2 = -0.011329$，$p_3 = 0.0014917$；

三次拟合：$y = p_1 x^3 + p_2 x^2 + p_3 x + p_4$；

拟合系数：$p_1 = -9.5345 \times 10^{-5}$，$p_2 = 0.0052157$，$p_3 = -0.042605$，$p_4 = 0.068916$。

2）轴套与内环结合面的过盈量：

一次拟合：$y = p_1 x + p_2$；

拟合系数：$p_1 = 0.060825$，$p_2 = -0.20026$；

二次拟合：$y = p_1 x^2 + p_2 x + p_3$；

拟合系数：$p_1 = 0.00075668$，$p_2 = 0.043346$，$p_3 = -0.12976$；

三次拟合：$y = p_1 x^3 + p_2 x^2 + p_3 x + p_4$；

拟合系数：$p_1 = -0.00022111$，$p_2 = 0.0084182$，$p_3 = -0.029185$，$p_4 = 0.026597$。

3）内环与外环结合面的过盈量：

一次拟合：$y = p_1 x + p_2$；

拟合系数：$p_1 = 0.053321$，$p_2 = -0.058406$；

二次拟合：$y = p_1 x^2 + p_2 x + p_3$；

拟合系数：$p_1 = 0.00034928$，$p_2 = 0.045253$，$p_3 = -0.025864$；

三次拟合：$y = p_1 x^3 + p_2 x^2 + p_3 x + p_4$；

拟合系数：$p_1 = -2.8205 \times 10^{-5}$，$p_2 = 0.0013266$，$p_3 = 0.036$，$p_4 = -0.0059182$。

2. 同一行程过盈量的分布

在最大公差配合尺寸模型下，各结合面的过盈量（直径方向）理论计算值分别是：主轴与轴套结合面的过盈量为 1.067～1.254mm，轴套与内环结合面的过盈量为 1.164～1.840mm，内环与外环结合面的过盈量为 1.771～1.900mm。图 6.24 对应的推进行程是：主轴与轴套结合面的推进行程为 19.89～21.86mm，轴套与内环结合面的推进行程为 12.903～17.624mm，内环与外环结合面的推进行程为 17.614～18.758mm。

根据最小公差配合尺寸，选取推进行程进行分析，综合考虑内环直径大端截面处过盈量小的情况。在材料性能允许的前提下，根据面积比例及最大公差间隙，提高 5%～12%，查图 6.24 得到新的对应推进行程是：主轴与轴套结合面的推进行程为 20.4～22mm，轴套与内环结合面的推进行程为 14.5～20.5mm，内环与外环结合面的推进行程为 19～20.8mm，共同范围为 20.4～20.5mm。

　　图6.25给出最大公差配合尺寸模型下内环推进行程为20.46mm时不同结合面的过盈量分布。

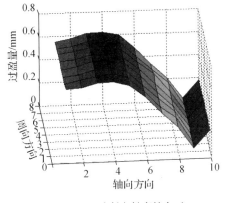

（a）主轴与轴套结合面

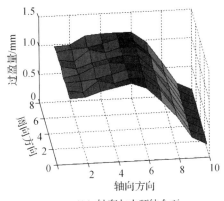

（b）轴套与内环结合面

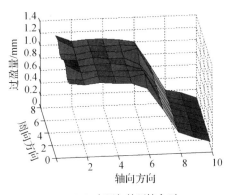

（c）内环与外环结合面

图 6.25　推进行程为 20.46mm 时不同结合面的过盈量分布图

　　该推进行程是经过修正的过盈量，在过盈量分布图中仍然按照最小公差配合中给出的最终确定推进行程的 3 种方法来验证。

　　3. 不同推进行程与压力的关系

　　从分析结果中选出每个行程轴向各单元压力，计算平均值，从而得出推进行程与压力的关系图，如图 6.26 所示。

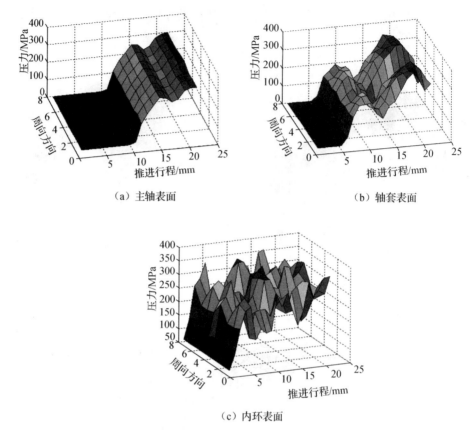

（a）主轴表面   （b）轴套表面

（c）内环表面

图 6.26　推进行程与各接触表面压力分布的关系

由最大公差配合模型分析得到的推进行程与压力的关系结果，与最小公差配合模型分析得到的结果趋势大体一致。具体数值差别在下面的叙述中介绍。同理，为了粗略判断各推进行程的压力范围，拟合推进行程与各接触表面压力的二维关系，如图 6.27 所示。

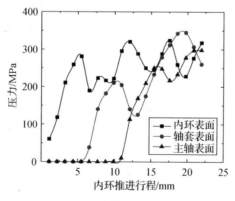

图 6.27　推进行程与各接触表面压力的关系

4. 同一行程压力的分布

根据修正后的推进行程范围，选取推进行程 20.46mm，给出各接触表面的压力分布，如图 6.28 所示。从图 6.28 可知，大体趋势与最小公差配合模型下得到的结果相近，将最大压力及平均压力与材料的许用压力比较，从而判断此处在满足过盈条件后，材料安全性能是否达到指定要求。

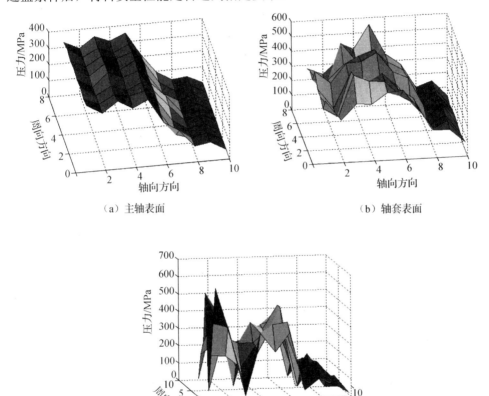

（a）主轴表面　　　　　　　　　　　（b）轴套表面

（c）内环表面

图 6.28　推进行程为 20.46mm 时各接触表面的压力分布图

以上简要给出了最大公差配合模型下过盈量和压力的分布情况。参照图 6.22～图 6.28，通过与最小公差配合模型下做出的图 6.14～图 6.21 进行比对，可以得到更加客观的模拟分析结论。

6.5.4　分析与结论

综合考虑最小公差配合及最大公差配合模型下得到的分析结果，给出如下结论。

1. 结合面过盈量

通过对推进行程与过盈量的关系图，可以得知：

1）随着推进行程增大，过盈量增长较为稳定，二者存在线性关系。观察对比最小公差配合尺寸模型（最小模型）得到的结果与最大公差配合尺寸模型（最大模型）得到的结果基本一致。

2）观察行程大于 10mm 后的结果，当主轴与轴套结合面处于同一行程时，最小模型比最大模型的过盈量要大 0.05mm 左右（半径方向）。轴套与内环、内环与外环结合面处于同一行程时，最小模型比最大模型的过盈量小 0.01mm（半径方向）。因此，如果考虑公差配合尺寸对过盈量的影响，主轴与轴套的过盈量需要通过两者差值的比较，适当对过盈量进行增减。

3）通过推进行程与过盈量的关系，对二者进行换算，并考虑上述公差尺寸的微小变化，图 6.16 和图 6.24 均可作为参考关系图。

观察最小模型与最大模型在行程 20.46mm 时各结合面的过盈量分布，可知总体变化趋势一致，主轴与轴套最大过盈出现在内环直径大端与小端结合处截面的略前方的位置有微小差别。其他共同点与最小模型时的分析结论相同。

2. 结合面压力

各结合面压力根据不同间隙时的结果，可以得出如下结论：

1）压力分布在最小模型和最大模型时的趋势相似。由于压力值在各模型中都是波动变化的，因此只能整体对比，观察大体范围。

2）分析推进行程与压力的关系参照图 6.20 和图 6.27 即可。同一行程时最小模型比最大模型各表面所受的压力大，平均高出约 50MPa，内环表面这一特征最为明显。

3）最小模型的主轴表面在推进行程为 4.5mm 左右时受到传递的压力，最大模型的主轴表面在 10mm 处才受到传递的压力。最大模型的轴套表面出现了与最小模型同样区域和次数的弹性回缩，但弹性回缩的幅值要大得多，幅值约为 30～40MPa。最小模型的主轴表面基本无弹性回缩，而最大模型的主轴表面发生了一次明显的弹性回缩。

4）通过对比最小模型与最大模型在推进行程为 20.46mm 时各表面的压力分布，可知最大模型的主轴表面受压没有最小模型的主轴表面受压稳定，但对平均压力的确定基本无影响。

5）轴套表面压力在最大模型和最小模型中都体现出分布不均匀，但最大模型和最小模型的压力在表面分布比例很相近。最大模型的轴套表面高压力分布区域要比最小模型的分布区域范围大。

6）同样的情况也出现在内环表面，但最大峰值无论在轴套表面还是在内环表面，最小模型的压力峰值都要比最大模型的压力峰值大得多。这说明公差尺寸值越小，应力集中越明显，表面的均压效果越差。应力集中所产生的"峰值"过大时，就易产生材料的破坏，建议在实际工作中要注意易产生"峰值"处的材料损伤情况。

6.6　数值法与解析法对比

本节主要通过接触压力、承载转矩与 Von Mises 应力来进行装配完成后的结果参数分析，通过模拟值与理论计算值的对比，验证理论模型的正确性。接触压力是表征过盈结合面的重要参数，过小的接触压力会使结合面产生滑移，不能传递额定转矩；过大的接触压力可能会导致各个组件应力过大，破坏组件的结构强度。本节主要对承载转矩与 Von Mises 应力进行对比分析。

6.6.1　接触压力

图 6.29 所示为不同结合面的接触压力对比。从图 6.29 可以看出，对于每个结合面的中间区域，两种方法的计算结果一致。然而，在每个结合面的端部区域，由于应力集中和模型约束，数值解和解析值之间存在偏差。

图 6.29（a）所示为内环与外环结合面接触压力的有限元值与解析值对比。在结合面中部区域（40～160mm）有限元值与解析值吻合良好，结合面两端受应力集中影响，有限元值较之解析值大。另外，内圈的长圆锥形表面的径向变形大于短圆锥形表面，这对应于向长圆锥形表面的右端施加逆时针转矩，导致右端接触压力的进一步升高，从而使得右端有限元值大于左端有限元值。

图 6.29（b）所示为轴套与内环结合面接触压力的有限元值与解析值对比，其有限元值的分布规律与图 6.29（a）相似。在结合面中部区域（40～160mm），有限元值与解析值基本吻合。由于应力集中，轴套与内环结合面端部的有限元值比解析值大。但是，由于内环短圆锥面起辅助连接作用，相应轴套与内环结合面之间的接触压力较小，因此导致有限元值在轴向距离 190mm 右侧不断降低并最终小于解析值。

图 6.29（c）所示为主轴与轴套结合面接触压力的有限元值及解析值对比。主轴与轴套结合面两端的有限元值比解析值小。这是由于轴套左端的固定约束，抵消了内环的部分压力，导致主轴和轴套之间结合面左端的有限元值小于解析值。而在结合面中部区域（40～170mm），有限元值不断增大，在 170mm 的右侧，有限元值继续低于解析值。有限元值的增加是由轴套与内环结合面右端的高接触压力引起的，轴向距离为 170mm 右侧的有限元值的减少是由于对应于内环的短圆锥形表面，主轴和轴套结合面之间的接触压力太小。

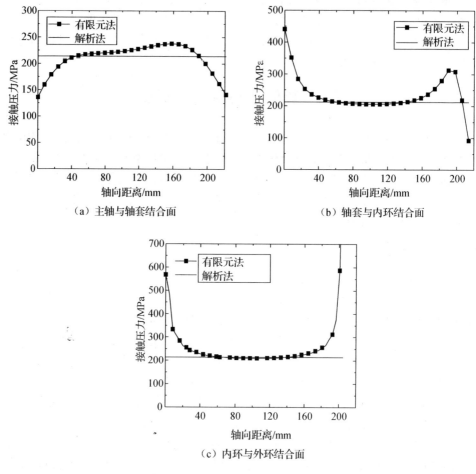

（a）主轴与轴套结合面　　　　（b）轴套与内环结合面

（c）内环与外环结合面

图 6.29　不同结合面的接触压力对比

　　图 6.30 为主轴外径的变化量分布图。从图中可知，外径变化量的有限元值呈中间高、两端低的分布情况，只有在 120mm 附近达到了解析值，这也与主轴与轴套结合面接触压力有限元值的分布情况相吻合。为了减少应力集中的影响，有限元值选择每个结合面中间的接触压力。表 6.8 为接触压力的解析值与有限元值的对比。由表 6.8 可知，有限元值与解析值较为接近，相对误差在 5%以内[14]。

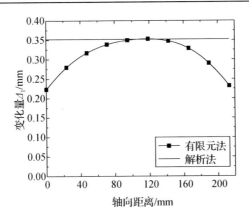

图 6.30　主轴与轴套结合面的主轴外径变化量

表 6.8　接触压力的有限元值与解析值对比

结合面	接触压力/MPa		相对误差/%
	有限元值	解析值	
内环与外环	207.93	213.81	2.83
轴套与内环	204.59	212.26	3.75
主轴与轴套	224.97	213.76	4.98

6.6.2　承载转矩

测定锁紧盘主要性能的指标是装配完成后主轴和轴套可承受的转矩[15]。如果负载转矩不符合额定转矩,锁紧盘的运行性能将受到影响。其计算公式见式(5.1)。

为了对比承载转矩的数值解与解析值的误差,将图 6.29(c)中主轴与轴套结合面接触压力的有限元值进行曲线积分,结合式(6.1),可以求出锁紧盘承载转矩 M 的有限元值。表 6.9 为承载转矩的有限元值与解析值对比。可知,主轴与轴套结合面的承载转矩的两种方法计算结果的相对误差均控制在 5% 以内,可以满足工程实际的需要。

表 6.9　承载转矩的有限元值与解析值对比

有限元值/(kN·m)	解析值/(kN·m)	相对误差/%
2920.21	2914.46	0.20

6.6.3　Von Mises 应力

由第 2 章的理论分析可知,当圆筒受到均布载荷作用时,其最大应力发生在圆筒内侧。因此,分析各组件的 Von Mises 应力时,主要分析圆筒内侧的应力分布。图 6.31 所示为锁紧盘装配后的 Von Mises 应力分布,图 6.32 所示为锁紧盘装配后的径向位移分布。

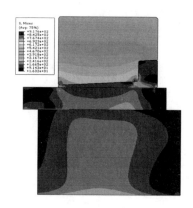

图 6.31　装配后的 Von Mises 应力分布

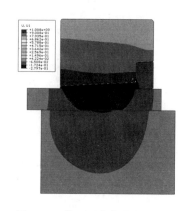

图 6.32　装配后的径向位移分布

图 6.33 所示为外环的 Von Mises 应力云图。由图可知，结合面端部区域存在应力集中，而中部区域应力变化均匀。图 6.34 所示为外环长圆锥部分的内壁沿轴向方向的 Von Mises 应力分布。可以看到，在中部区域（40～180mm），解析值与有限元值吻合较好。但在结合面的两端，由于应力集中的影响，有限元值急剧升高，这一规律与图 6.34 中的曲线相吻合。

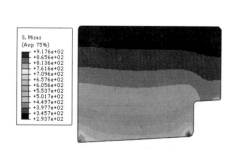

图 6.33　外环 Von Mises 应力云图

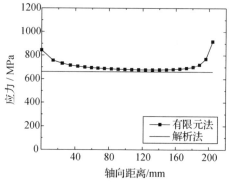

图 6.34　外环长圆锥部分的内壁沿轴向的
Von Mises 应力分布

图 6.35 所示为内环的 Von Mises 应力云图，图 6.36 所示为内环内壁沿轴向的 Von Mises 应力分布。在图 6.36 中，除了在内环长圆锥结合面的端部区域有应力集中现象，长圆锥面接触区域 Von Mises 应力的解析值比有限元值大 100MPa。这是因为内环长圆锥面较薄，刚度较小，当内外长圆锥面均受压力作用时，具有较大的柔性，解析值是基于厚壁圆筒理论计算所得，所以存在较大的偏差。内环短圆锥面对应的内侧区域由于实际装配时的压力波动，造成此区域的有限元值上下波动巨大。因此，对于薄壁圆筒的强度校核，不能单纯采用基于厚壁圆筒理论所得到的强度校核公式，应采用与有限元法相结合的方

法，从而提高精确性。

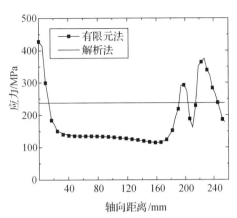

图 6.35　内环 Von Mises 应力云图　　　图 6.36　内环内壁沿轴向的 Von Mises
　　　　　　　　　　　　　　　　　　　　　　　　　应力分布

　　另外，对于内环，长圆锥部分相对于短圆锥部分刚度较低，在装配锁紧盘时长圆锥对应部位的径向变形较大，而短圆锥部位的变形较小，这就在内环长圆锥和短圆锥的连接部位产生了一个弯曲，导致此处的应力偏大。

　　图 6.37 所示为内环圆锥阶梯处的径向位移分布。可以看出，对于内环，其长圆锥部位右端的最大应力发生在外径部位，而不是在内径部位，说明弯曲对内环具有较大的影响作用[16]。

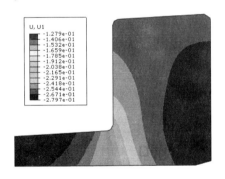

图 6.37　内环圆锥阶梯处的径向位移分布

　　图 6.38 所示为轴套的 Von Mises 应力云图，图 6.39 所示为轴套内壁沿轴向的 Von Mises 应力分布。在图 6.39 中，由于固定端约束应用于轴套的左端，因此轴套左端的压力很小，有限元值比理论解要小。而轴套对应的长圆锥面右端区域，由于压力的增大，导致此处的 Von Mises 应力升高，偏离解析值并逐渐增大。由于短圆锥面对应区域压力较小，因此导致轴套右端的 Von Mises 应力逐渐增大后又减小至低于解析值。

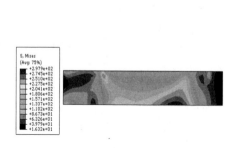

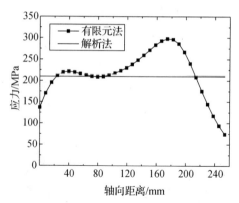

图 6.38　轴套 Von Mises 应力云图　　　图 6.39　轴套内壁沿轴向的 Von Mises
应力分布

　　图 6.40 所示为主轴的 Von Mises 应力云图，图 6.41 为主轴内壁沿轴向的 Von
Mises 应力分布。在图 6.41 中，主轴内径有限元值呈中间高两边低的分布情况，
这与其外表面所受压力的分布情况有关。有限元值小于解析值是因为主轴直径大、
内孔小，与一般的厚壁圆筒相比具有较高的刚度，类似于实心轴结构，承载能力
大于厚壁圆筒，所以采用基于厚壁圆筒理论的强度校核公式所得到的结果较有限
元值偏大。

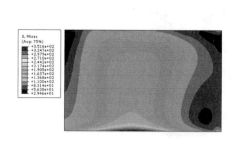

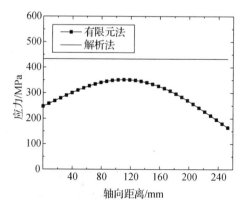

图 6.40　主轴 Von Mises 应力云图　　　图 6.41　主轴内壁沿轴向的 Von Mises 应力

　　对于各部件应力的计算，解析值与有限元值均存在较大偏差。由以上 Von
Mises 应力的有限元值与解析值对比情况可知，解析方法在计算各组件应力的过
程中结合有限元方法，能够更好地分析局部应力的分布情况。

参 考 文 献

[1] 苏毅. 扩展有限元法及其应用中的若干问题研究[D]. 西安：西北工业大学，2016.

[2] 李录贤，刘书静，张慧华，等. 广义有限元方法研究进展[J]. 应用力学学报，2009，26（1）：96-108.

[3] 石亦平，周玉蓉. ABAQUS 有限元分析实例详解[M]. 北京：机械工业出版社，2006.

[4] 庄茁，张帆，岑松，等. ABAQUS 非线性有限元分析与实例[M]. 北京：科学出版社，2005.

[5] 刘宝庆. 过盈联接摩擦系数的理论及试验研究[D]. 大连：大连理工大学，2008.

[6] 王建梅，陶德峰，唐亮，等. 加工偏差对风电锁紧盘性能的影响分析[J]. 机械设计，2014，31（1）：59-63.

[7] 李明，李静. 一种锁紧盘联轴器：CN202301500U[P]. 2012-07-04.

[8] 王建梅，侯成，陶德峰，等. 一种确定锁紧盘内环与外环结合面尺寸的方法：201110087010.X[P]. 2011-11-02.

[9] BAI Z B, WANG J M, NING K, et al. Contact pressure algorithm of multi-layer interference fit considering centrifugal force and temperature gradient[J]. Applied Sciences, 2018, 8(5): 1-12.

[10] 王建梅，康建峰，陶德峰，等. 多层过盈联接的设计方法[J]. 四川大学学报（工程科学版），2013，45（4）：84-89.

[11] 唐亮，王建梅，陶德峰，等. 装配间隙对风电锁紧盘性能的影响分析[J]. 太原科技大学学报，2013，34（2）：125-129.

[12] WANG J M, TAO D F, HUANG Q X, et al. Algorithm research on contact pressure and magnitude of interference for multi-layer cylinder's interference fit[J]. Engineering Mechanics, 2013, 30(9):270-275.

[13] 唐亮. 风电锁紧盘的算法优化与分析研究[D]. 太原：太原科技大学，2014.

[14] 陶德峰. 多层圆筒过盈连接设计方法及试验研究[D]. 太原：太原科技大学，2013.

[15] WANG J M, NING K, TANG L, et al. Modeling and finite element analysis of load-carrying performance of a wind turbine considering the influence of assembly factors[J], Applied Sciences, 2017, 7(3): 298-232.

[16] WANG J M, KANG J F, TANG L. Theoretical and experimental studies for wind turbine's shrink disk[J]. Proceedings of the Institution of Mechanical Engineers, Part C: Journal of Mechanical Engineering Science February, 2014, 229(2): 325-334.

第 7 章 离散化圆锥过盈联接计算方法

如第 6 章的算例所述，风电锁紧盘的外环与锥套采用圆锥过盈联接，传统计算方法存在计算精度低、求解不完全等问题[1]。本章在第 6 章多层过盈联接算法推导的基础上，提出依托计算机平台且区别于有限元方法的离散化圆锥过盈联接计算方法，并通过算例证明此方法的合理性与求解优势。

7.1 建立离散化模型

7.1.1 离散化计算思想

以圆锥过盈联接为例，传统计算方法将圆锥面过盈近似为圆柱面过盈，并利用 Lame 方程等有关结论求解，结果只能得到关键应力参数的零次近似解答，无法描述应力参数的轴向变化情况[2]。

在结构研究领域，国内外广大研究人员越来越重视以有限元软件为载体的计算机数值求解方法[3-5]。计算机的数值求解是将连续体划分为大量单元进行数值运算的过程。在一定条件下，计算机数值求解方法的计算精度随单元网格数量的增加而提高[6]，但计算精度与单元数量不是简单的线性关系，单纯增加单元数量来提高求解精度存在很大的局限性。数值模拟方法依托计算机平台，当网格数量不断增加时，求解过程中计算量大幅上升，计算机运算带来的舍入误差与随机误差的上升，将影响结果的计算精度与可靠性。同时，运算量的大幅上升会带来计算时间的同步增长，严重限制了计算机数值求解的应用。

设计人员确定详细设计方案的整个过程必定包含两部分关键内容：第一部分是确定某项为基准的基本尺寸；第二部分是求得目标结构中危险界面上危险点的极端应力值。前者，设计人员需要在可能尺寸区间内试选基本尺寸，多参数作用下可能存在数千种尺寸选择，传统方法可以满足设计效率要求，而计算机数值求解在计算效率上存在不足；后者，设计人员需要确定结构中危险界面上危险点的位置，求得危险点的极限应力，计算机数值求解可求得有参考价值的解答，传统方法常因过度近似简化而无法求得精确的目标参数。因此，计算机数值求解方法与传统方法各有优势与缺陷，但也存在互相补充完善的可能。

本章提出了一种将计算机数值求解方法与传统设计方法优势互补的精确计算方法。该方法利用计算机平台强大的计算能力，同时将离散化思想重新应用于逻辑推导，连续体不再简单按照几何特征与基本载荷特征划分单元，而是按照载荷特性从功能上划分区块，按照不同区块数学模型间的联系，重新对整体问题进行逻辑推理，建立整体数学模型，最后依托计算机平台简化求解。

本章以圆锥过盈联接计算为例，阐述这种方法并验证其可行性与合理性。圆锥面过盈问题中，过盈结构主要分为包容件与被包容件[7]，两部分紧密作用的同时保持相对独立，包容件的载荷特征是主要研究内容。以圆锥过盈联接为例，包容件是带内锥面的圆筒状结构，该结构轴向截面几何形状、受载情况与变形方式高度相似，即包容件存在轴向几何相似性与轴向力学相似性[8]。依据离散化思想的基本方法，将包容件轴向离散为具有相同几何特征与载荷特征的单元，离散过程在这个问题中称为切片，包容件称为切片的宏观模型，切片得到的单元称为切片模型。首先，依据现有理论，建立切片模型的数学模型；然后，依据宏观模型与微观模型的联系，将切片数学模型组装得到宏观数学模型；之后，依据一定的简化策略，编程计算完成数值求解；最后，对比算例与有限元软件的分析结果，对离散化方法进行分析与讨论。

7.1.2　建立离散化物理模型

圆锥过盈联接广泛应用于不同场合的连接结构[9]。该种连接虽然形式多种多样，但都是通过锥形结合面将轴向力转化为结合面间的径向力，从而增大结合面的最大静摩擦力，最终形成过盈配合关系[10]。因此可以将所有圆锥过盈联接抽象为同一理想模型。

理想模型中将作用过程抽象为带内锥面的金属圆环和一个同锥度、同表面粗糙度、无限大刚性圆锥面之间的相互作用，并认为过盈过程的实质是圆环在某侧端面受均布载荷作用下沿轴线移动一段距离后停止并保持这一状态的过程。圆环作为本章研究对象如图 7.1（a）所示，作用过程如图 7.1（b）所示。

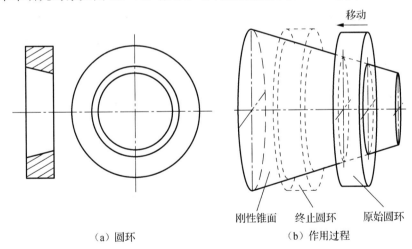

（a）圆环　　　　　　　　　（b）作用过程

图 7.1　圆锥面过盈作用示意图

实际中圆锥过盈联接的加载主要是机械加载，包括螺栓连接与螺钉连接等方式。在图 7.1 中，螺栓连接对应圆环右侧端面加载，螺钉连接对应圆环左侧端面加载。为方便讨论，这里以圆环左侧端面加载为例。

为简化讨论，对图 7.1 所示宏观模型进行三点假设，第一个假设是圆环两侧端面始终与轴线正交且不发生弯曲；第二个假设是结合面上各质点在最终停止时均受到沿轴线向右的最大摩擦力作用；第三个假设是整个过程只发生弹性变形。在以上三点假设的基础上，得到了宏观的圆环物理模型。

圆环初始状态下，沿轴向等距分割圆环，当切片厚度足够小，可认为切片内、外半径在轴向厚度内保持不变。这个分割过程将宏观圆环离散化为微观切片。离散过程示意图如图 7.2（a）所示，微观切片模型如图 7.2（b）所示。

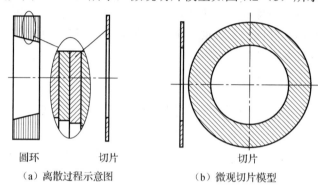

（a）离散过程示意图　　　　　　（b）微观切片模型

图 7.2　离散方法与切片形状示意图

类似对宏观圆环模型的假设，微观切片模型需要四个假设。第一个假设是切片始终与轴线正交并且不弯曲；第二个假设是切片轴向端面不受沿端面的切向应力作用；第三个假设是仅发生弹性变形；第四个假设是该模型单个切片满足 Lame 方程。

为描述讨论过程，在圆环左侧端面形心处建立高度轴沿轴线向右的圆柱坐标系，描述初始状态坐标系 (r_0, φ_0, z_0)，描述已变形坐标系 (r, φ, z)。坐标系如图 7.3（a）所示，讨论中部分几何参数如图 7.3（b）所示。在图 7.3（b）中，A 与 A' 分别代表初始圆环中一个随机质点的位置与该质点在终止圆环中的对应位置。a_0 与 a、b_0 与 b、z_0 与 z 分别为初始与终点时质点所在切片的内圆半径、外圆半径、轴向位置。

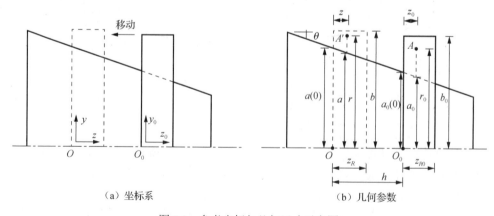

（a）坐标系　　　　　　　　（b）几何参数

图 7.3　参考坐标与几何尺寸示意图

7.1.3　建立离散化数学模型

在宏观力学分析中，圆环左侧受到沿轴线向左均布载荷 F 作用，圆环内锥面受到沿母线向右的摩擦力和沿锥面法线方向向外的支持力作用。锥面质点所受摩擦力是 F_u，支持力是 F_n，圆环受力如图 7.4（a）所示。

对微观切片受力分析有两点假设，第一点认为切片两端圆环面受到相邻切片施加的轴线方向的均布拉应力 σ_z 作用；第二点认为切片内圆柱面受到沿轴线向右的锥面轴向力和沿半径向外的锥面径向力，锥面轴向力与锥面径向力是宏观圆环内锥面受到的支持力和摩擦力的微观表现，锥面轴向力强度是 f_z，锥面径向力强度是 f_r，切片受力如图 7.4（b）所示。

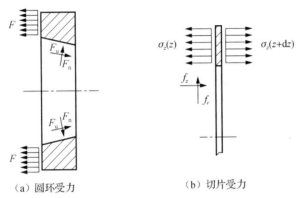

（a）圆环受力　　　　　　　　　（b）切片受力

图 7.4　圆环、切片受力示意图

圆环轴向平衡方程为

$$\sum F_n \mathrm{d}s_z \sin\theta + \sum F_u \mathrm{d}s_z \cos\theta = F s_r \tag{7.1}$$

式中，s_z 为圆环内锥面面积；$\mathrm{d}s_z$ 为内锥面上圆环微元面积；s_r 为圆环左端圆环面积。

圆环内锥面质点处摩擦力、支持力符合阿蒙顿-库仑定律：

$$F_u = \mu F_n \tag{7.2}$$

式中，μ 为圆环结合面的摩擦系数。

圆环受力与切片受力存在如下对应关系：

$$\begin{cases} \sum f_z s_t = \sum F_n \mathrm{d}s_z \sin\theta + \sum F_u \mathrm{d}s_z \cos\theta \\ \sum f_r s_t = \sum F_n \mathrm{d}s_z \cos\theta - \sum F_u \mathrm{d}s_z \sin\theta \end{cases} \tag{7.3}$$

式中，s_t 为内圆柱面面积。

联立式（7.1）~式（7.3），得到切片所受锥面轴向力与锥面径向力的关系为

$$f_r = C_1 f_z \tag{7.4}$$

式中，$C_1 = \dfrac{1 - \mu\tan\theta}{\mu + \tan\theta}$。

切片轴向平衡方程为

$$\sigma_z(z+dz)s(z+dz) + f_z s_t(z) = \sigma_z(z)s(z) \tag{7.5}$$

式中，$\sigma_z(z+dz)$ 为切片右侧圆环面轴向拉应力；$\sigma_z(z)$ 为切片左侧圆环面轴向拉应力；$s(z+dz)$ 为切片右侧圆环面面积；$s(z)$ 为切片左侧圆环面面积，$s_t(z)$ 为切片内圆柱面面积。

由式（7.5）得到切片轴向平衡方程为

$$\frac{d}{dz}(\sigma_z s) = -f_z \frac{s_t(z)}{dz} \tag{7.6}$$

由 Lame 方程得到圆环内质点径向位移方程为

$$u(r) = \frac{-v}{E} r\sigma_z + \left[\frac{1-v}{E}\frac{a^2}{b^2-a^2}r + \frac{1+v}{E}\frac{a^2b^2}{b^2-a^2}\frac{1}{r}\right]f_r \tag{7.7}$$

式中，E 为圆环材料的弹性模量；v 为圆环材料的泊松比。

由式（7.7）得到切片内、外圆柱面质点径向位移计算式为

$$\begin{cases} u(a) = \dfrac{-v}{E} a\sigma_z + \left[\dfrac{1-v}{E}\dfrac{a^3}{b^2-a^2} + \dfrac{1+v}{E}\dfrac{ab^2}{b^2-a^2}\right]f_r \\[2mm] u(b) = \dfrac{-v}{E} b\sigma_z + \dfrac{2}{E}\dfrac{a^2b}{b^2-a^2}f_r \end{cases} \tag{7.8}$$

由弹性理论相关内容，得到切片位置计算式为

$$z_0 = \int_0^z \frac{1}{1+\varepsilon_z} dz \tag{7.9}$$

式中，ε_z 为轴向应变。

由几何变形关系得到未变形状态、变形稳定状态下切片内圆柱面半径计算式为

$$\begin{cases} a_0 = a_0(0) - \tan\theta z_0 \\ a = a_0(0) + \tan\theta h - \tan\theta z \end{cases} \tag{7.10}$$

式中，h 为圆环左侧端面轴向移动距离。

联立式（7.9）和式（7.10），得到切片内、外圆柱面质点径向位移计算式为

$$\begin{cases} u(a) = \tan\theta h + \tan\theta\int_0^z\left(\dfrac{1}{1+\varepsilon_z} - 1\right)dz \\[2mm] u(b) = b - b_0 \end{cases} \tag{7.11}$$

由式（7.11）得到切片内圆柱面质点径向位移的轴向变化率计算式为

$$u(a)' = \tan\theta\left(\frac{1}{1+\varepsilon_z} - 1\right) \tag{7.12}$$

式（7.8）和式（7.11）中切片外圆质点径向位移相等，联立式（7.4）、式（7.8）和式（7.11），得到轴向应力微分方程为

$$\sigma_z' + \sigma_z p = q \tag{7.13}$$

式中，$p = 2\dfrac{bb' - aa'}{b^2 - a^2} + \dfrac{v}{C_1}\dfrac{1}{a}$，$q = \dfrac{-E}{C_1}\dfrac{1}{a} + \dfrac{Eb_0}{C_1}\dfrac{1}{ab}$。

求解式（7.13），得到轴向应力计算式为

$$\sigma_z = \frac{C + \int_0^z q e^{\int_0^z p dz} dz}{e^{\int_0^z p dz}} \tag{7.14}$$

式中，C 仅是圆环轴向位移的函数，无须求解具体形式。

联立式（7.4）、式（7.8）和式（7.12）与 Lame 方程相关结论，得到切片内圆柱面质点径向位移的轴向变化率计算式为

$$u(a)' = \frac{a'}{\sigma_z \dfrac{v^2 - 1}{E} - v b_0 \dfrac{1}{b} + v - 1} + a' \tag{7.15}$$

联立式（7.4）和式（7.8），得到切片内圆柱面质点径向位移计算式为

$$u(a) = \sigma_z\left(\frac{-v^2 - v}{2E}a + \frac{v^2 + v}{2E}\frac{b^2}{a}\right) + \left(\begin{array}{l}\dfrac{-v + 1}{2}a + \dfrac{v - 1}{2}b_0\dfrac{a}{b} \\ + \dfrac{v + 1}{2}\dfrac{b^2}{a} + \dfrac{-v - 1}{2}b_0\dfrac{b}{a}\end{array}\right) \tag{7.16}$$

将式（7.16）对轴向位置求导，得到切片内圆柱面质点径向位移的轴向变化率计算式为

$$
\begin{aligned}
u(a)' = &\sigma_z\left\{\left[\begin{array}{l}\dfrac{v^2 + v}{2E}a' + \dfrac{v^3 + v^2}{2C_1 E} \\ +\left(\dfrac{-v^2 - v}{2E}a' + \dfrac{-v^3 - v^2}{2C_1 E}\right)\dfrac{b^2}{a^2}\end{array}\right] + \left[\begin{array}{l}\dfrac{v^2 + v}{E}\dfrac{b}{a} + \dfrac{v^2 + v}{E}\dfrac{ab}{b^2 - a^2} \\ + \dfrac{-v^2 - v}{E}\dfrac{1}{b^2 - a^2}\dfrac{b^3}{a}\end{array}\right]b'\right\} \\
&+ \left\{\left[\begin{array}{l}\dfrac{-v + 1}{2}a' + \dfrac{v^2 + v}{2C_1} \\ +\left(\dfrac{v - 1}{2}a'b_0 + \dfrac{-v^2 - v}{2C_1}b_0\right)\dfrac{1}{b} \\ +\left(\dfrac{-v - 1}{2}a' + \dfrac{-v^2 - v}{2C_1}\right)\dfrac{b^2}{a^2} \\ +\left(\dfrac{v + 1}{2}a'b_0 + \dfrac{v^2 + v}{2C_1}b_0\right)\dfrac{b}{a^2}\end{array}\right] + \left[\begin{array}{l}\dfrac{-v + 1}{2}b_0\dfrac{a}{b^2} + \dfrac{-v - 1}{2}b_0\dfrac{1}{a} \\ +(v + 1)\dfrac{b}{a}\end{array}\right]b'\right\}
\end{aligned} \tag{7.17}
$$

联立式（7.15）和式（7.17），得到轴向应力方程为

$$\sigma_z^2 + \sigma_z G_1 + G_2 = 0 \tag{7.18}$$

式中，$G_1 = \dfrac{M_2}{M_1} + \dfrac{M_3}{M_1} b'$；$G_2 = \dfrac{M_4}{M_1} + \dfrac{M_5}{M_1} b'$；$M_1$、$M_2$、$M_3$、$M_4$、$M_5$ 均为 a、b 多项式，式中所有 M 均代表 a、b 多项式。

联立式（7.14）和式（7.18），得到式（7.18）的两个解：

$$\begin{cases} \sigma_{z1} = \dfrac{M_6 + M_7 b' + M_8 b'^2 + M_9 b''}{M_{10} + M_{11} b' + M_{12} b'^2 + M_{13} b''} \\[4mm] \sigma_{z2} = \dfrac{M_{14} + M_{15} b' + M_{16} b'^2 + M_{17} b'^3 + M_{18} b'' + M_{19} b' b''}{M_{20} + M_{21} b' + M_{22} b'^2 + M_{23} b''} \end{cases} \tag{7.19}$$

轴向应力两个解对应宏观圆环模型的两种不同加载方式，相关参数关系式如下：

$$\begin{cases} \sigma_\varphi = \sigma_z \left(\dfrac{v}{2} + \dfrac{v b^2}{2 r^2} \right) + \dfrac{E}{2} \left(\dfrac{b - b_0}{b} + \dfrac{b^2 - b_0 b}{r^2} \right) \\[4mm] \sigma_r = \sigma_z \left(\dfrac{v}{2} + \dfrac{-v b^2}{2 r^2} \right) + \dfrac{E}{2} \left(\dfrac{b - b_0}{b} + \dfrac{-b^2 + b_0 b}{r^2} \right) \\[4mm] \varepsilon_z = \sigma_z \dfrac{-v^2 + 1}{E} + v b_0 \dfrac{1}{b} - v \\[4mm] \varepsilon_\varphi = \sigma_z \left(-1 + \dfrac{b^2}{r^2} \right) \dfrac{v^2 + v}{2E} + \dfrac{-v + 1}{2} \left(1 - \dfrac{b_0}{b} \right) + \dfrac{v + 1}{2} (b^2 - b_0 b) \dfrac{1}{r^2} \\[4mm] \varepsilon_r = \sigma_z \left(1 + \dfrac{b^2}{r^2} \right) \dfrac{-v^2 - v}{2E} + \left(\dfrac{-v + 1}{2} + \dfrac{v - 1}{2} \dfrac{b_0}{b} \right) + \left(\dfrac{-v - 1}{2} b^2 + \dfrac{v + 1}{2} b_0 b \right) \dfrac{1}{r^2} \\[4mm] z_0 = \displaystyle\int_0^z \dfrac{1}{1 + \varepsilon_z} \mathrm{d}z \\[4mm] f_r = \sigma_z \left(\dfrac{v}{2} \dfrac{b^2}{a^2} + \dfrac{-v}{2} \right) + \left(\dfrac{-E}{2} + \dfrac{E b_0}{2} \dfrac{1}{b} + \dfrac{E}{2} \dfrac{b^2}{a^2} + \dfrac{-E b_0}{2} \dfrac{b}{a^2} \right) \\[4mm] f_z = \sigma_z \left(\dfrac{v}{2 C_1} \dfrac{b^2}{a^2} + \dfrac{-v}{2 C_1} \right) + \left(\dfrac{-E}{2 C_1} + \dfrac{E b_0}{2 C_1} \dfrac{1}{b} + \dfrac{E}{2 C_1} \dfrac{b^2}{a^2} + \dfrac{-E b_0}{2 C_1} \dfrac{b}{a^2} \right) \\[4mm] u(r) = \sigma_z \left(-r + \dfrac{b^2}{r} \right) \dfrac{v^2 + v}{2E} + \dfrac{-v + 1}{2} \left(1 - \dfrac{b_0}{b} \right) r + \dfrac{v + 1}{2} (b^2 - b_0 b) \dfrac{1}{r} \end{cases} \tag{7.20}$$

7.2 模型简化与数值求解

7.2.1 边界条件与模型简化

参考切片是数值求解中的参考原点，设置参考切片可以简化两种加载方式的

求解过程。左端面加载下，求解需要右端面边界条件。现将右侧端面边缘切片设置为参考切片。

参考切片轴向平衡方程为

$$(\sigma_z s = f_z s_t)_{z=z_{00}} \tag{7.21}$$

式中，z_{00} 为变形稳定状态下参考切片轴向位置

将式（7.21）联立几何条件，得到参考切片轴向应力与锥面轴向力关系式为

$$\left(\sigma_z = \frac{2d_0 a}{b^2 - a^2} f_z\right)_{z=z_{00}} \tag{7.22}$$

式中，d_0 为参考切片厚度，参考切片处于低应力端，且参考切片厚度小于 $z_{R0} \times 10^{-6}$，z_{R0} 为圆环未加载状态轴向厚度。

未加载状态下参考切片内圆柱面半径计算式为

$$a_{z_{00}} = a_0(0) + \tan\theta h - \tan\theta z_{00} \tag{7.23}$$

数学模型求解的关键是变形稳定状态下圆环外圆柱面半径轴向函数与圆环厚度。参考实际经验，认为一定条件下，圆环外圆柱面半径沿轴线呈线性变化。

可以得到圆环任意轴线位置切片内外圆柱面半径计算式为

$$\begin{cases} a = a_{z00} + \tan\theta(z_{00} - z) \\ b = b_{z00} + k(z_{00} - z) \end{cases} \tag{7.24}$$

同理，得到化简后轴向应力计算式为

$$\sigma_z = \begin{cases} \dfrac{M_6 - M_7 k + M_8 k^2}{M_{10} - M_{11} k + M_{12} k^2}, & \sigma_z = \sigma_{z1} \\[3mm] \dfrac{M_{14} - M_{15} k + M_{16} k^2 - M_{17} k^3}{M_{20} - M_{21} k + M_{22} k^2}, & \sigma_z = \sigma_{z2} \end{cases} \tag{7.25}$$

7.2.2　数值求解与实例运算

联立式（7.4）、式（7.8）和式（7.22）与 Lame 方程相关结论，得到参考切片力学参数关系式为

$$\begin{cases} \sigma_z = \dfrac{Ed_0 b - Ed_0 b_0}{C_1 ab - vd_0 b} \\[3mm] f_z = \dfrac{-Ea^2 b + Eb_0 a^2 + Eb^3 - Eb_0 b^2}{2C_1 a^2 b - 2vd_0 ab}, & z = z_{00} \\[3mm] f_r = \dfrac{-C_1 Ea^2 b + C_1 Eb_0 a^2 + C_1 Eb^3 - C_1 Eb_0 b^2}{2C_1 a^2 b - 2vd_0 ab} \end{cases} \tag{7.26}$$

将式（7.26）代入式（7.8），得到参考切片内圆柱面半径计算式为

$$u_1(a_{z_{00}}) = \left(\frac{\begin{array}{c} C_1(1-v)a^2b + C_1(-1+v)b_0a^2 - 2vd_0ab \\ +2vd_0b_0a + C_1(1+v)b^3 + C_1(-1-v)b_0b^2 \end{array}}{2C_1ab - 2vd_0b} \right)_{z=z_{00}} \tag{7.27}$$

结合式（7.10）得到参考切片内圆柱面半径计算式为

$$u_2(a_{z_{00}}) = \tan\theta h + \tan\theta(z_{000} - z_{00}) \tag{7.28}$$

式中，z_{000} 为未加载状态下参考切片轴向位置。

联立式（7.27）和式（7.28），得到参考切片外圆柱面半径计算方程为

$$P_1 = |u_1(a_{z_{00}}) - u_2(a_{z_{00}})| \tag{7.29}$$

联立式（7.25）和式（7.26），得到圆环外圆柱面半径轴向斜率计算方程为

$$P_2 = \begin{cases} P_{2.1} = |\sigma_z - \sigma_{z1}|_{z_{00}}, & \sigma_z = \sigma_{z1} \\ P_{2.2} = |\sigma_z - \sigma_{z2}|_{z_{00}}, & \sigma_z = \sigma_{z2} \end{cases} \tag{7.30}$$

由式（7.9）进一步得到圆环未加载状态与变形稳定状态厚度关系式为

$$(z_0)_{z=z_R} = \int_0^{z_R} \frac{1}{1+\varepsilon_z} dz \tag{7.31}$$

由式（7.31）进一步得到圆环厚度计算方程为

$$P_3 = |(z_0)_{z=z_R} - z_{R0}| \tag{7.32}$$

数值求解需要中间方程组，由式（7.23）得到参考切片内圆柱面半径计算方程为

$$Q_1 : a_{z_{00}} = a_0(0) + \tan\theta h - \tan\theta z_{00} \tag{7.33}$$

轴向应力计算方程组为

$$Q_2 : \begin{cases} a = a_{z_{00}} + \tan\theta(z_{00} - z) \\ b = b_{z_{00}} + k(z_{00} - z) \\ \sigma_{z1} = \dfrac{M_6 - M_7k + M_8k^2}{M_{10} - M_{11}k + M_{12}k^2} \\ \sigma_{z2} = \dfrac{M_{14} - M_{15}k + M_{16}k^2 - M_{17}k^3}{M_{20} - M_{21}k + M_{22}k^2} \end{cases} \tag{7.34}$$

圆环厚度计算方程组为

$$Q_3 : \begin{cases} \varepsilon_z = \sigma_z \dfrac{-v^2 + 1}{E} + vb_0 \dfrac{1}{b} - v \\ (z_0)_{z=z_R} = \int_0^{z_R} \dfrac{1}{1+\varepsilon_z} dz \end{cases} \tag{7.35}$$

在求解中，对应 P_1 设置求解精度 P_{01} 与求解步长 Δ_1，对应 P_3 设置求解精度 P_{02}

与求解步长 Δ_2。绘制流程示意图，如图 7.5 所示，并编写对应求解程序。

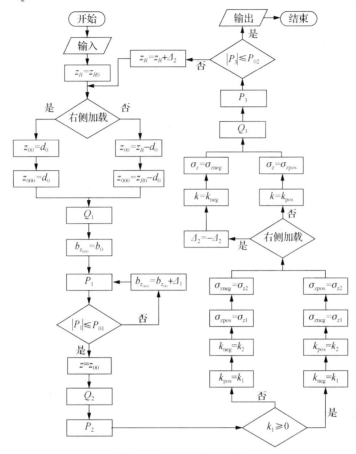

图 7.5　求解流程示意图

以左端加载为例，选择一定参数进行测试计算，参数选择见表 7.1，描述计算结果坐标系与描述终止状态坐标系一致。

表 7.1　实例求解参数设置

参数	参数符号	数值
结合面摩擦系数	μ	0.6
圆环材料弹性模量/MPa	E	200000
圆环材料泊松比	ν	0.3
圆环内锥面角度/（°）	θ	10
圆环外圆柱面半径/mm	b_0	400
圆环左端面内孔半径/mm	$a_0(0)$	300
圆环轴向厚度/mm	z_{R0}	100
参考切片轴向厚度/mm	d_0	0.0001
左端面轴向推进距离/mm	h	50

续表

参数	参数符号	数值
参考切片外圆柱面半径计算精度/mm	P_{01}	0.1
圆环轴向厚度计算精度/mm	P_{02}	0.1

依据算例设定参数，计算结果如图 7.6 所示。

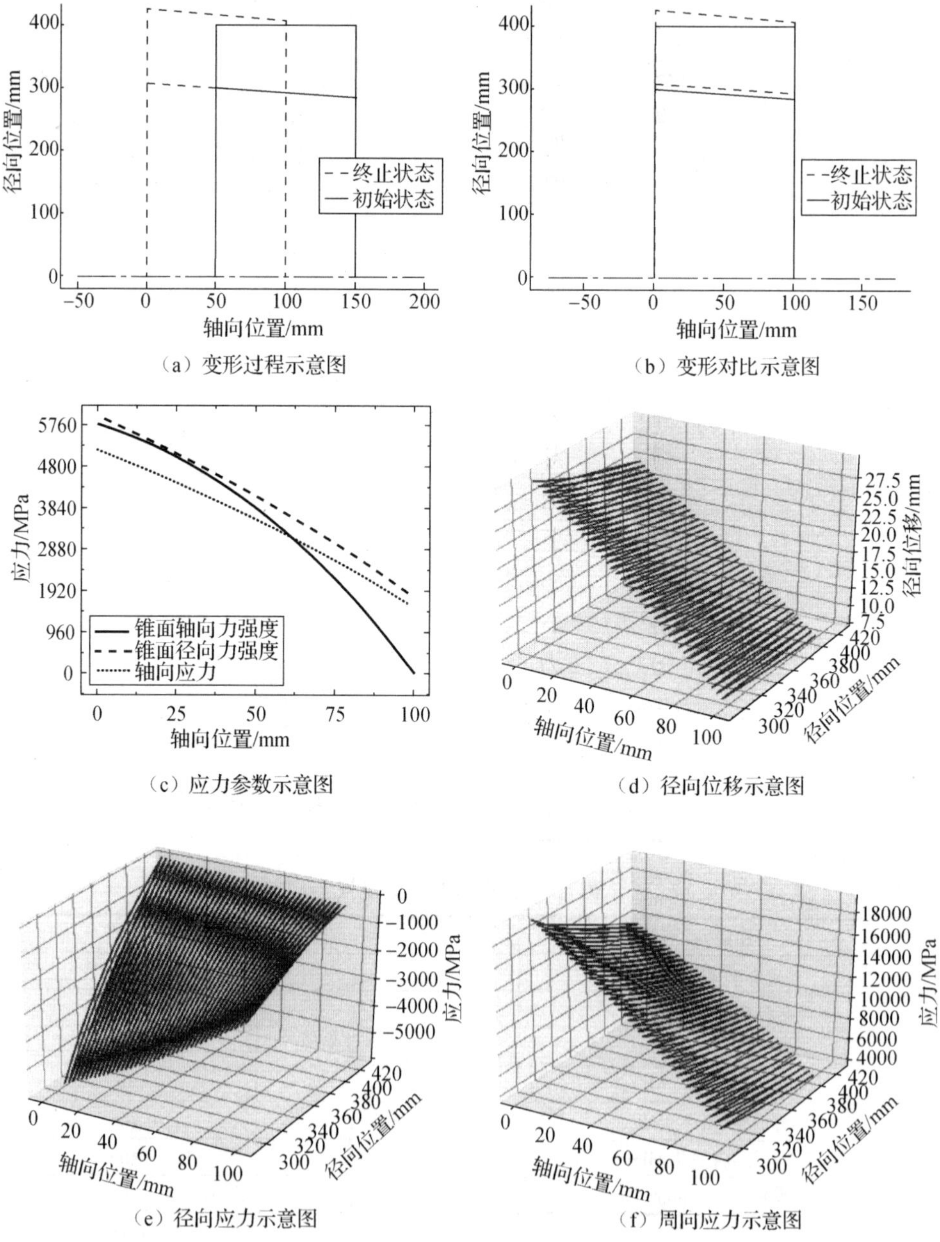

（a）变形过程示意图

（b）变形对比示意图

（c）应力参数示意图

（d）径向位移示意图

（e）径向应力示意图

（f）周向应力示意图

图 7.6　部分返回参数图

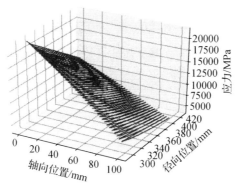

（g）Von Mises等效应力示意图

图 7.6（续）

图 7.6（a）、（b）、（d）显示圆环内质点径向位移在轴向坐标一定时随半径坐标的增加而减小，同时，在半径坐标一定时随轴向坐标的增加而减小，并在左侧圆环内径处取得最大值。

图 7.6（c）显示圆环轴向应力、锥面径向力强度、锥面轴向力强度随轴向坐标的增加而减小，在左侧端面取得最大值；图 7.6（e）显示圆环质点径向应力处于压应力状态，径向应力在轴向坐标一定时随半径坐标的增加而增加，在半径坐标一定时随轴向坐标的增加而减小，在左侧端面外径取得最大值；图 7.6（f）显示圆环质点周向应力在轴向坐标一定时随半径坐标的增加而减小，同时，半径坐标一定时随轴向坐标的增加而减小，在左侧圆环内径处取得最大值；图 7.6（g）显示圆环质点 Von Mises 等效应力在轴向坐标一定时随半径坐标的增加而减小，同时，半径坐标一定时随轴向坐标的增加而减小，在左侧圆环内径处取得最大值。

部分计算结果见表 7.2。

表 7.2　计算所得结果

参数	数值
圆环轴向厚度/mm	100.35
外圆柱面半径轴向变化率	0.172
最大径向位移/mm	29.97
最大锥面径向力强度/MPa	5966.96
最大锥面轴向力强度/MPa	5776.82
最大轴向应力/MPa	5180.37
最大径向应力/MPa	−5966.96
最大周向应力/MPa	20317.96
最大 Von Mises 等效应力/MPa	21944.59

7.2.3　ABAQUS 模拟试验与结果讨论

依照表 7.1 设定参数，基于 ABAQUS 进行模拟实验[11]。有限元网格划分如图 7.7（a）所示，加载情况如图 7.7（b）所示。

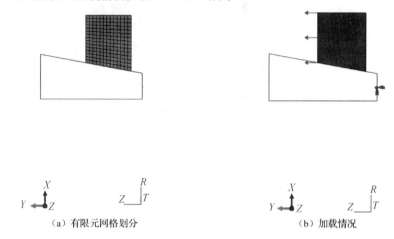

（a）有限元网格划分　　　　　　　　（b）加载情况

图 7.7　有限元模拟实验

传统计算方法将锥面径向力强度（即接触压力）作为核心计算结果[12]，同时计算 Von Mises 等效应力作为强度参考。为方便讨论，提取有限元分析结果中圆锥结合面上的锥面径向力强度与 Von Mises 等效应力进行讨论。锥面径向力强度如图 7.8（a）所示，Von Mises 等效应力如图 7.8（b）所示。

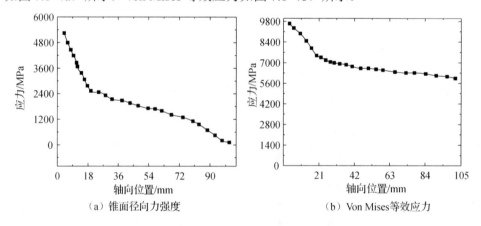

（a）锥面径向力强度　　　　　　　　（b）Von Mises 等效应力

图 7.8　部分有限元模拟结果

从图 7.8 可以看出，结合面上锥面径向力强度与 Von Mises 等效应力均随轴向位置的增加而减少，均在圆锥面左端取得最大值，这与离散化算法相同；两曲线在曲线中段均存在较明显的平缓部分，这是由两端应力集中现象造成的；对比两条曲线，锥面径向力强度曲线仍能保持初始变化趋势，而等效应力则不能保持初始变化趋势，趋向平缓。

模拟锥面径向力与模拟 Von Mises 等效应力结果见表 7.3。

表 7.3　部分模拟应力结果

参数	锥面径向力强度（即接触压力）	Von Mises 等效应力
有限元模拟结果	5263.34MPa	9683.50MPa
离散化算法结果	5966.96MPa	21944.59MPa
差值比率	13%	127%

可以看出在锥面径向力强度计算上，离散化算法与有限元模拟结果高度相近，差值比率低于 15%；等效应力计算上相差较大，差值比率为 127%。对比图 7.6 和图 7.8 可以看出，锥面径向力强度受应力集中影响较小，数值仍能大致保持原有分布规律，而等效应力则在应力集中影响下趋向均匀，计算等效应力曲线对轴向位置的积分得出的面积差值比率小于 55%，同样可以说明二者产生较大数值差的重要原因是应力集中现象；初始条件的假设和计算机运算的舍入误差同样影响计算值与模拟值的差值比率。

对比有限元模拟与离散化算法的结果，可以看出：①有限元模拟与离散化算法得到的危险界面的危险点位置具有一致性。②离散化算法较传统计算方法，在准确性方面有极大提高。据此，可以说本章的离散化算法是锥面过盈联接的一种精确计算方法，其计算结果较传统计算方法更精确，更符合过盈联接应力和应变的客观规律。

因变量较难控制，难以精确给出离散化算法与计算机数值求解方法的效率比，但通过对比计算时间发现，同一参数采用离散化算法可节约 94% 以上 CPU 的工作时间，因此可以认为离散化算法是高效的精确计算方法。

如上所述，采用离散化算法求解圆锥过盈联接问题是合理、高效和精确的。该方法同样适用于一些有特定几何特点和载荷特征的结构计算，也为结构设计计算理论的发展提供了新思路，是对新型多层过盈联接算法的进一步探索和改进。

参 考 文 献

[1] 黄庆学，李璞，王建梅，等. 宏微观跨尺度下的锥套运行力学机理研究[J]. 机械工程学报，2016，52（14）：213-220.

[2] WANG J M, NING K, TANG L, et al. Modeling and finite element analysis of load‐carrying performance of a wind turbine considering the influence of assembly factors[J]. Applied Sciences, 2017, 7(3): 298-232.

[3] BAI Z B, WANG J M, NING K, et al. Contact pressure algorithm of multi-layer interference fit considering centrifugal force and temperature gradient[J]. Applied Sciences, 2018, 8(5): 1-12.

[4] 苏毅. 扩展有限元法及其应用中的若干问题研究[D]. 西安：西北工业大学，2016.

[5] 李录贤，刘书静，张慧华，等. 广义有限元方法研究进展[J]. 应用力学学报，2009，26（1）：96-108.

[6] KHISAMITOV I, MESCHKE G. Variational approach to interface element modeling of brittle fracture propagation[J].

Computer Methods in Applied Mechanics & Engineering, 2018, 328.

[7] 王建梅, 唐亮. 锁紧盘设计理论与方法 [M]. 北京: 冶金工业出版社, 2014.

[8] 王建梅, 康建峰, 陶德峰, 等. 多层过盈联接的设计方法[J]. 四川大学学报 (工程科学版), 2013, 45 (4): 84-89.

[9] 王建梅, 陶德峰, 黄庆学, 等. 多层圆筒过盈配合的接触压力与过盈量算法研究[J]. 工程力学, 2013, 30 (9): 270-275.

[10] WANG J M, KANG J F, TANG L. Theoretical and experimental studies for wind turbine's shrink disk[J]. Proceedings of the Institution of Mechanical Engineers, Part C: Journal of Mechanical Engineering Science, 2015, 229(2): 325-334.

[11] BENEDETTO M F, CAGGIANO A, ETSE G. Virtual elements and zero thickness interface-based approach for fracture analysis of heterogeneous materials[J]. Computer Methods in Applied Mechanics & Engineering, 2018, 388, 41-67.

[12] WANG J M, NING K, XU J L, et al. Reliability-based robust design of wind turbine's shrink disk[J]. Proceedings of the Institution of Mechanical Engineers, Part C: Journal of Mechanical Engineering Science, 2018, 232(15): 2685-2696.

附录　考虑温度与离心力计算参数

$$Q_1 = \frac{(3+v_1)\rho_1 w^2}{32E_1 d_1}[(1-v_1)(d_0{}^2+d_1{}^2)d_1{}^2+(1+v_1)d_0{}^2 d_1{}^2] - \frac{\rho_1(1-v_1{}^2)w^2 d_1{}^3}{32E_1}$$

$$+\alpha_1 d_1\left[t_0+\frac{t_1-t_0}{\ln(d_1/d_0)}\left(\ln\frac{d_1}{d_0}-1\right)\right]+\frac{1+v_1}{1-v_1}\alpha_1\left\{\frac{t_0 d_1{}^2-t_0 d_0{}^2}{2d_1}+\frac{t_1 d_1{}^2-t_0 d_0{}^2}{d_1{}^2-d_0{}^2}\right.$$

$$\left.\cdot\left[\frac{d_1{}^2(1-2v_1)+d_0{}^2}{2d_1}\right]+\frac{t_1-t_0}{2\ln(d_1/d_0)}d_1\left(\ln\frac{d_1}{d_0}+v_1-1\right)\right\}$$

$$Q_2 = \frac{(3+v_2)\rho_2 w^2}{32E_2 d_1}[(1-v_2)(d_1{}^2+d_2{}^2)d_1{}^2+(1+v_2)d_1{}^2 d_2{}^2]$$

$$-\frac{\rho_1(1-v_2{}^2)w^2 d_1{}^3}{32E_2}+\alpha_2 d_1\left[t_1-\frac{t_2-t_1}{\ln(d_2/d_1)}\right]$$

$$+\frac{1+v_2}{1-v_2}\alpha_2\left\{\frac{t_2 d_2{}^2-t_1 d_1{}^2}{d_2{}^2-d_1{}^2}\cdot[d_1(1-v_2)]+\frac{t_2-t_1}{2\ln(d_2/d_1)}d_1(v_2-1)\right\}$$

$$Q_3 = \frac{(3+v_2)\rho_2 w^2}{32E_2 d_2}[(1-v_2)(d_1{}^2+d_2{}^2)d_2{}^2+(1+v_2)d_1{}^2 d_2{}^2] - \frac{\rho_2(1-v_2{}^2)w^2 d_2{}^3}{32E_2}$$

$$+\alpha_2 d_2\left[t_1+\frac{t_2-t_1}{\ln(d_2/d_1)}\left(\ln\frac{d_2}{d_1}-1\right)\right]+\frac{1+v_2}{1-v_2}\alpha_2\left\{\frac{t_1 d_2{}^2-t_1 d_1{}^2}{2d_2}+\frac{t_2 d_2{}^2-t_1 d_1{}^2}{d_2{}^2-d_1{}^2}\right.$$

$$\left.\cdot\left[\frac{d_2{}^2(1-2v_2)+d_1{}^2}{2d_2}\right]+\frac{t_2-t_1}{2\ln(d_2/d_1)}d_2\left(\ln\frac{d_2}{d_1}+v_2-1\right)\right\}$$

$$Q_4 = \frac{(3+v_3)\rho_3 w^2}{32E_3 d_2}[(1-v)(d_2{}^2+d_3{}^2)d_2{}^2+(1+v)d_2{}^2 d_3{}^2]$$

$$-\frac{\rho_3(1-v_3{}^2)w^2 d_2{}^3}{32E_3}+\alpha_3 d_2\left[t_2-\frac{t_3-t_2}{\ln(d_3/d_2)}\right]$$

$$+\frac{1+v_3}{1-v_3}\alpha_3\left\{\frac{t_3 d_3{}^2-t_2 d_2{}^2}{d_3{}^2-d_2{}^2}\cdot[d_2(1-v_3)]+\frac{t_3-t_2}{2\ln(d_3/d_2)}d_2\left(\ln\frac{d_2}{d_2}+v_3-1\right)\right\}$$

$$Q_5 = \frac{(3+v_3)\rho_3 w^2}{32E_3 d_3}[(1-v_3)(d_2{}^2+d_3{}^2)d_3{}^2+(1+v_3)d_2{}^2 d_3{}^2] - \frac{\rho_3(1-v^2)w^2 d_3{}^3}{32E_3}$$

$$+\alpha d_3\left[t_3+\frac{t_3-t_2}{\ln(d_3/d_2)}\left(\ln\frac{d_3}{d_2}-1\right)\right]+\frac{1+v_3}{1-v_3}\alpha\left\{\frac{t_2 d_3{}^2-t_2 d_2{}^2}{2d_3}+\frac{t_3 d_3{}^2-t_2 d_2{}^2}{d_3{}^2-d_2{}^2}\right.$$

$$\cdot\left[\frac{d_3^{\,2}(1-2v_3)+d_2^2}{2d_3}\right]+\frac{t_3-t_2}{2\ln(d_3/d_2)}d_3\left(\ln\frac{d_3}{d_2}+v_3-1\right)\Bigg\}$$

$$Q_6-\frac{(3+v_4)\rho_4 w^2}{32E_4 d_3}[(1-v_4)(d_3^{\,2}+d_4^{\,2})d_3^{\,2}+(1+v_4)d_3^{\,2}d_4^{\,2}]$$

$$-\frac{\rho_4(1-v_4^{\,2})w^2 d_3^{\,3}}{32E_4}+\alpha_4 d_3\left[t_3-\frac{t_4-t_3}{\ln(d_4/d_3)}\right]$$

$$+\frac{1+v_4}{1-v_4}\alpha_4\left\{\frac{t_4 d_4^{\,2}-t_3 d_3^{\,2}}{d_4^{\,2}-d_3^{\,2}}\cdot\left[d_3(1-v_4)\right]+\frac{t_4-t_3}{2\ln(d_4/d_3)}d_3(v_4-1)\right\}$$

式中，α_1、α_2、α_3、α_4 分别为主轴、轴套、内环与外环材料的热膨胀系数；t_0 为主轴内表面温度；t_1 为主轴与轴套结合面温度；t_2 为轴套与内环结合面温度；t_3 为内环与外环结合面温度；t_4 为外环表面温度。